微型Lisp解释器的构造与实现

使用Java和Scala

刘鑫 著

华中科技大学出版社
中国·武汉

内容简介

本书从零开始,将Haskell的Parsec解释器移植到Java和Scala,并通过详细的程序实例,深入浅出地介绍了组合子逻辑这个函数式编程的基本范式,给读者展示了Parsec组合子的原理、实现和应用。阅读本书,读者不但可以掌握Parsec解释器的实现方法,而且可以加深对Parsec组合子的理解。本书也可以作为学习Java和Scala编程语言的补充教材。

图书在版编目(CIP)数据

微型Lisp解释器的构造与实现 / 刘鑫著. – 武汉 :华中科技大学出版社, 2022.6
ISBN 978-7-5680-8245-7

Ⅰ.①微… Ⅱ.①刘… Ⅲ.①LISP语言－程序设计 Ⅳ.①TP312.8

中国版本图书馆CIP数据核字(2022)第080870号

书　　名　**微型Lisp解释器的构造与实现**
　　　　　Weixing Lisp Jieshiqi de Gouzao yu Shixian
作　　者　刘　鑫

策划编辑　徐定翔
责任编辑　徐定翔
责任监印　周治超

出版发行　华中科技大学出版社(中国·武汉)
　　　　　武汉市东湖新技术开发区华工科技园(邮编430223 电话027-81321913)
录　　排　武汉东橙品牌策划设计有限公司
印　　刷　湖北新华印务有限公司
开　　本　787mm x 960mm　1/16
印　　张　15
字　　数　210千字
版　　次　2022年6月第1版第1次印刷
定　　价　69.90元

推荐序

  我是十多年前在网上认识刘鑫的，当时看他在微博上发表一些和 Parsec 组合子有关的算法和动态，很佩服他在这方面的执著追求和探索。大约是在 2016 年，我去广州出差时第一次与他见面，当时和几个网友一起聊了不少有意思的技术性话题。

  2021 年，我加入了 CSDN。不久后，我了解到刘鑫经历了创业和几个项目的历练，正在考虑下一步的计划，于是和他聊了几次，最后我很高兴邀请刘鑫加入了 CSDN。他入职后，很快在大数据、自然语言处理、后端工具链、博客质量度量等重要领域做出了很好的成绩。

  一转眼，刘鑫在组合子这个领域已经耕耘了十来年，这本书是他这些年工作的结晶。在这本书里，他通过各种程序实例，深入浅出地介绍了组合子逻辑这个函数式编程中的基本范式，给读者展示了 Parsec 组合子的原理、实现和应用。这本书把这个小领域完全讲透了，我觉得我们中国 IT 行业除了需要讲行业大趋势的书籍之外，也迫切需要这种深入剖析某个小领域的书籍。希望这本书能给读者带来启迪，也期望这本书能以英文版加开源项目的形式介绍给全世界的 IT 人士。

邹欣 CSDN 副总裁，著有《编程之美》《构建之法》等书

2022 年 5 月 1 日

目录

前言

本书将利用组合子逻辑实现一个简单的 LISP 解释器。什么是组合子逻辑？一般来说组合子逻辑是指一类函数式编程语言的编程模式，它将具有同一功能接口的不同逻辑功能（算子）组合为新的、更复杂的逻辑，同时保留同样的功能接口，使接口具有外在的一致性。这是函数式编程中的一个基本范式。在面向对象的设计模式中，也有一些类似的设计思想。

不少函数式编程语言的文本分析工具是用组合子实现的，例如 Haskell 的 Parsec 和 Scala 的 Parser.Combinators 库。这是因为组合子很适合表达抽象模式，例如重复、间隔、顺序依赖等。组合子的这种特性使其可应用于各种各样的序列分析，包括非线性序列。

在学习 Haskell 的时候，我接触到了 Parsec 组合子。我结合手头的工作，开始尝试用一些"常规"编程语言实现 Parsec 算子。接下来十余年，我用 Go、Swfit、Rust、Javascript、Python、Scala、Java 等多种编程语言进行了探索和尝试，包括对 Parsec 解释器进行移植、实现规则引擎等。最后，主要做出了两项成果：用 Scala 开发出了 Jaskell Core Parsec，以及专门为 Java 8 项目完成的

Jaskell Parsec Java 8。这些成果也在我目前的工作中得到应用，收到了良好的效果。

本书从一些简单的例子入手，逐步介绍 Parsec 组合子的原理、应用和实现，重点是讲解它在 Java 和 Scala 中的实现方式，并给出相应的代码。因为示例解释器是分别用 Java 和 Scala 实现的，所以本书也可以作为学习 Java 和 Scala 语言的补充教材。

为了方便书籍的排版和印刷，我对书中代码做了一些格式上的处理，这些处理并不影响代码的功能。读者可以在书尾找到最新版本的代码。

第 1 章

环境准备

　　本书将实现一个简单的 LISP 解释器，分为 Java 和 Scala 两个版本。从本章开始的所有示例代码，我都会提供 Java 和 Scala 两个版本，分别基于 Java 11 和 Scala 2.13，Java 版的示例项目称为 JISP，Scala 版的示例项目称为 SISP（示例项目代码见书尾链接）。

　　实现这个 LISP 解释器是受著名 Haskell 教材《Write Yourself a Scheme in 48 Hours》的启发。在 Scala 和 Java 中实现这样一个微型项目，难度要比在 Haskell 中低很多。读完本书，读者会发现组合子的基本组成并不复杂，主要涉及管理状态的 State 类型，以及定义功能的算子。所有的算子都应该遵循同样的接口协议，状态也是如此。

接下来介绍开发环境的准备。自 Java 8 发布以来，Java 一改传统上的稳健保守，开始快速变革，这可能会给初学者造成一些麻烦。因此有必要简单介绍一下 Java 和 Scala 的本地开发环境。

1.1 准备 Java 开发环境

Java 项目使用的组合子库 Jaskell-Java8 是为兼容 Java 8 设计的。我们的示例项目 JISP 会尽量采用比较新的 Java 版本。这样可以尽量享受到高版本带来的开发效率。在写作之际，Java SE 的正式发布版本最高为 14。

新建一个 Java 项目，命名为 JISP，其 Maven 内容如下：

```xml
<?xml version="1.0" encoding="UTF-8"?>
<project xmlns="http://maven.apache.org/POM/4.0.0"
        xmlns:xsi="http://www.w3.org/2001/XMLSchema-instance"
        xsi:schemaLocation="http://maven.apache.org/POM/4.0.0
http://maven.apache.org/xsd/maven-4.0.0.xsd">
    <modelVersion>4.0.0</modelVersion>
    <groupId>io.github.marchliu</groupId>
    <artifactId>jisp</artifactId>
    <version>1.0-SNAPSHOT</version>
    <dependencies>
        <dependency>
            <groupId>io.github.marchliu</groupId>
            <artifactId>jaskell-java8</artifactId>
            <version>2.0.1</version>
        </dependency>
```

```
        <dependency>
            <groupId>junit</groupId>
            <artifactId>junit</artifactId>
            <version>4.13.1</version>
            <scope>test</scope>
        </dependency>
    </dependencies>
    <build>
        <plugins>
            <plugin>
                <groupId>org.apache.maven.plugins</groupId>
                <artifactId>maven-compiler-plugin</artifactId>
                <configuration>
                    <source>14</source>
                    <target>14</target>
                </configuration>
            </plugin>
            <plugin>
                <groupId>org.apache.maven.plugins</groupId>
                <artifactId>maven-jar-plugin</artifactId>
                <configuration>
                    <archive>
                        <manifest>
                            <mainClass>jisp.Repl</mainClass>
                        </manifest>
                    </archive>
                </configuration>
            </plugin>
        </plugins>
    </build>
</project>
```

1.2 准备 Scala 开发环境

我刚开始动笔时，Scala 3 还处于待发布阶段（项目名 Dotty），官方仅提供了 Visual Studio Code 支持。至成书时，Scala 3 已经稳定，Intellij 也完全支持 scala 3 了。

首先，确保开发机安装了 sbt 和 Visual Studio Code（MacOS 推荐使用 homebrew cask 安装 VSC）。执行 sbt new lampepfl/dotty.g8，根据提示生成项目，进入项目目录，执行 sbt launchIDE 即可启动 VSC。对于 Intellij 用户，直接打开项目目录即可。

Scala 3 提供了更完整的函数式编程支持，在完成初稿后，我用 Scala 3 重写了 Jaskell Parsec，借助 Scala 3 的语法，获得了一个完整的基于 typeclass 的 Parsec 实现。因此，我决定在书中分别给出 scala 2 和 scala 3 的实现机制。

需要注意的是，两者的主要区别在于 Jaskell 库的实现不同，scala 3 更干净优雅。两者在使用上几乎完全一致，所以我仅在有区别的地方分别讨论，未明确说明的地方，scala 2 的版本和 scala 3 的是完全一样的。

如果读者需要在开发机上安装多个不同版本的 JDK 或 Scala，我推荐使用 sdkman（https://sdkman.io/）。

1.3 JISP 项目

Java 版的 JISP 项目使用 Maven 管理，项目代码可以通过 git 命令获取：

git@github.com:MarchLiu/jisp.git

目前 JISP 项目主要针对的 Java 版本是 Java 11，读者只需保证开发环境的
JDK 不低于此版本即可。高版本的 Java，特别是 Java 15 的 record class，对代码
质量的提高有一定帮助，但是对于 Jaskell 的设计，更重要的是类型推导能力，其
帮助并不明显。只要稍微修改个别细节（例如我喜欢用 var 关键字），JISP 项目甚
至完全可以在 Java 8 环境下运行，有兴趣的读者可以自行尝试。目前 JISP 项目依
赖的 Jaskell 仍然是基于 Java 8 的。

1.4 SISP 项目

Scala 版的 SISP 项目使用 sbt 管理，项目代码也可以通过 git 命令获取：

git clone git@github.com:MarchLiu/sisp.git

为了区别，我称 Scala 2 版本的解释器为 SISP，Scala 3 版本的为 SISP
Dotty。Scala 3 支持类似 Python 的缩进语法层级，可以省略大括号。书中有几处
代码为了排版方便，采用了这种形式。

第 2 章

开始构建简单
的解释器

在正式开发解释器的内核之前，我们先写一个简单 Repl 程序，用于检验后续的工作成果。REPL 是 Read-Eval-Print Loop（读取-求值-打印循环）的缩写。我们平常使用 Python 的 Shell、IPython、Java 的 JShell、Scala sbt 的 console 时，都是在跟 REPL 程序打交道。

现在，我们建立解释器项目，Java 版本的项目名为 JISP，Scala 版本的项目名为 SISP。如果读者只对其中一个版本感兴趣，可以跳过另一个版本的内容。

2.1 Hello REPL

我们先从写一个简单的 Hello World 开始。现在新建一个名为 Repl 的类型。在 JISP 项目中，它对应的代码文件是 Repl.java ；而 SISP 版本对应的代码文件是 Repl.scala。JISP 版本实现如下：

```java
package jisp;

public class Repl {
    private static final String prmt = ">> ";
    public static void main(String[] args)  {
        System.out.print(prmt);
    }
}
```

SISP 版本如下：

```scala
package sisp

object Repl {
  val prmt = ">> "
  def main(args: Array[String]) {
    print(prmt)
  }
}
```

这个程序现在什么都做不了，运行它，只会得到一行字符（如图 2.1 所示）：

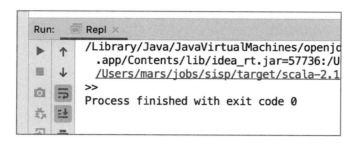

图 2.1 运行后得到一行字符

接下来，我们为它添加读取信息的功能，JISP 版本的代码如下：

```java
package jisp;

import java.io.BufferedReader;
import java.io.IOException;
import java.io.InputStreamReader;

public class Repl {
    private static final String prmt = ">> ";
    public static void main(String[] args) throws IOException {
        System.out.print(prmt);
//添加下面这三行代码
        BufferedReader reader = new BufferedReader(new
    InputStreamReader(System.in));
        String line = reader.readLine();
        System.out.println(line);
    }
}
```

SISP 版本的代码如下（由于 Scala 标准库提供了 `readline`，所以代码比 Java 版显得简练）：

```scala
package sisp
```

```
import scala.io.StdIn.readLine

object Repl {
  val prmt = ">> "
  def main(args: Array[String]) {
    print(prmt)
    val line = readLine()
    println(line)
  }
}
```

执行新的 Repl，我们就可以在提示符后面输入一行文本（如图 2.2 所示）。现在这个程序还只能读取后重新输出，严格来说只做到了 Read 和 Print，还没有 Eval 和 Loop。

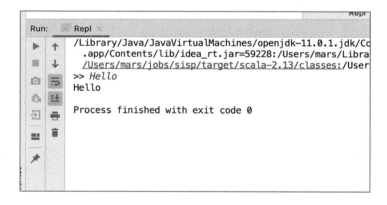

图 2.2 添加读取信息的功能

2.2 Read Print Loop

现在，我们给程序加上循环读取的交互功能。这里写一个简单的无限循环，以下是 JISP 的版本：

```java
package jisp;

import java.io.BufferedReader;
import java.io.IOException;
import java.io.InputStreamReader;

public class Repl {
    private static final String prmt = ">> ";
    public static void main(String[] args) throws IOException {
        while (true) { //用 while 包住 read print 过程
            System.out.print(prmt);
            BufferedReader reader = new BufferedReader(new
InputStreamReader(System.in));
            String line = reader.readLine();
            System.out.println(line);
        }
    }
}
```

SISP 版本：

```scala
package sisp

import scala.io.StdIn.readLine
object Repl {
  val prmt = ">> "
```

```
def main(args: Array[String]) {
  while (true) { //用 while 包住 read print 过程
    print(prmt)
    val line = readLine()
    println(line)
  }
}
```

这样，我们就实现了一个读取-打印循环（Read-Print Loop），执行程序，它会照原样输出我们输入的内容，并重新进入读取状态。这为第 3 章编写解释器打下了良好的基础。

2.3 算术表达式

现在这个解释器还不具备实质意义的功能。

我将演示如何加入解释过程，让这个 Repl 程序可以解释算术表达式。这里，我直接借用 Jaskell 工具库的表达式解释器，一是因为这个功能非常简单，二是因为这种朴素的中缀表达式形式并不符合 LISP 传统的前缀表达式风格。

演示完这个功能后，我会删掉这几行代码，继续编写 LISP 解释功能。在后续章节中，我们还会讨论如果在 LISP 代码里使用中缀表达式，应该如何设计这个功能接口并加以实现。

对于 JISP 项目，我们要确保项目中包含了 Jaskell-java8：

```
<dependencies>
    <dependency>
        <groupId>io.github.marchliu</groupId>
        <artifactId>jaskell-java8</artifactId>
        <version>2.1.5</version>
    </dependency>
</dependencies>
```

对于 SISP 项目，则要确保 build.sbt 文件中的项目依赖包含 Jaskell Core：

```
libraryDependencies ++= Seq(
    "io.github.marchliu"%"jaskell-core_2.13"%"0.7.1"
)
```

如果使用 Scala 3，那么应该引入 Jaskell Dotty：

```
libraryDependencies +=
    "io.github.marchliu" % "jaskell-dotty_3" % "0.4.0"
```

接下来添加表达式解释器。请注意，这里 Java 和 Scala 的版本各自遵循了自身所倡导的错误处理方式，尽管在 Scala 中使用 Java 风格的异常处理形式也没有任何问题，但是 Result pattern match 有它的优点。在后续章节中，会有更多差异性的实现帮助我们理解这些特性。

首先给出 JISP 的版本。注意，这里我们并没有像前面那样将异常写到 main 函数签名中，而是明确地进行捕捉并处理。因为我们希望 Repl 不会仅仅因为用户输入了错误的信息就退出。

```java
package jisp;

import jaskell.expression.Env;
import jaskell.expression.Expression;
import jaskell.expression.ExpressionException;
import jaskell.expression.parser.Parser;

import java.io.BufferedReader;
import java.io.IOException;
import java.io.InputStreamReader;

public class Repl {
    private static final String prmt = ">> ";
    public static void main(String[] args) throws IOException {
        Parser parser = new Parser();
        Env env = new Env();
        while (true) {
            System.out.print(prmt);
            BufferedReader reader = new BufferedReader(new
InputStreamReader(System.in));
            String line = reader.readLine();
            Expression expression = parser.parse(line);
            expression = expression.makeAst();
            try {
                System.out.println(expression.eval(env));
            } catch (ExpressionException e) {
                System.out.println(String.format("%s parse
error: %s", line, e.getMessage()));
            }
        }
    }
}
```

SISP 的版本风格差异较大。如果你看不懂一些细节，没有关系，后面的章节会逐步加以解释。

```scala
package sisp

import jaskell.expression.Env

import scala.io.StdIn.readLine
import jaskell.expression.parsers.Parser
import jaskell.parsec.State

object Repl {
//下面这个 import 引入了一些隐式的类型转换
  import jaskell.parsec.Txt._

  val prmt = ">> "
  val parser = new Parser()
  val env = new Env()
  def main(args: Array[String]) {
    while (true) {
      print(prmt)
      val line:State[Char] = readLine()
//这里可能有点儿不好理解，后面我们详细介绍
      (parser ? line) flatMap {_.makeAst eval env} match {
        case Right(re) =>
          println(re)
        case Left(error) =>
          println(s"$line parse error ${error.getMessage}")
      }
    }
  }
}
```

注释下面的代码用到了一些 Scala 特色功能，例如 "?"，它是一个重载的运算符，可以将其视为一次方法调用，flatMap 和 eval 也是各自左边对象的方法调用，Scala 允许将 a.ops(b) 这样的方法调用写成形如 a ops b 的中缀表达式。而 "_" 是简写的函数参数，在构造接受单个参数的匿名函数时，Scala 允许这样简写。Scala 3 的版本略有不同：

```scala
package sisp

import jaskell.parsec.ParsecException
import scala.io.StdIn.readLine
import scala.util.{Failure, Success}

object Repl {

  import jaskell.parsec.Txt._
  import jaskell.parsec.stateConfig

  def main(args: Array[String]):Unit = {
    while (true) {
      print(prmt)
      val line = readLine().state //scala3 typeclass
      parser ? line flatMap {
        case element: Element => element.eval(env)
        case result: Failure[Any] => result
        case any => Success(any)
      } match {
        case Success(result) => println(result)
        case Failure(error) => println(s" [$line] error
  [${error.getMessage}]")
      }
    }
  }
}
```

在 Scala 3 的版本里，调用 String 的 state 方法得到了解释器所需的状态对象。后面章节会具体讨论这种扩展方法的原理和实现方式。

这样，我们就完成了一个可以计算复杂算术表达式的交互程序（如图 2.3 所示）。

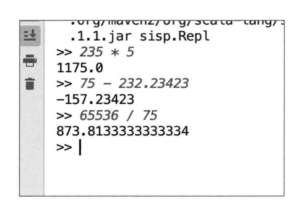

图 2.3 执行算术表达式的效果

本书对 Jaskell Parsec 的使用基本上都遵循这个例子中的方式，即用定义好的解释器工具解释一个状态对象，求得结果。这个状态实际上是一个 State 规范（我们先不讨论 State 的细节）。Jaskell Parsec 提供对字符串的特别支持，它会"隐式地"将字符串处理为一种线性的状态类型。稍后会深入介绍这些底层机制。

第 3 章将正式开始编写 LISP 解释器。

第 3 章

数值解析

数值解析是个可大可小的功能，我们先从 Jaskell Parsec 自带的数值解析工具开始，实现一个能解析数字的解释器功能，然后扩展到实现支持 LISP 风格的前缀表达式解释器。

3.1 回顾

在第 2 章中，我们直接使用了 Jaskell 库内置的表达式解释器来完成解释和执行算术表达式的功能。现在我们把这部分代码去掉——不必担心——我们会逐步构造一个更强大的工具。

现在，让解释器代码回到第 2 章开始时的状态，JISP 版本的 Repl 代码如下：

```
package jisp;

import jaskell.expression.Env;
import jaskell.expression.parser.Parser;

import java.io.BufferedReader;
import java.io.IOException;
import java.io.InputStreamReader;

public class Repl {
    private static final String prmt = ">> ";
    public static void main(String[] args) throws IOException {
        Parser parser = new Parser();
        Env env = new Env();
        while (true) {
            System.out.print(prmt);
            BufferedReader reader = new BufferedReader(new
InputStreamReader(System.in));
            String line = reader.readLine();
            //本章的工作将从这里开始
        }
    }
}
```

SISP 版本的代码如下：

```
package sisp

import jaskell.parsec.State
import scala.io.StdIn.readLine
object Repl {
```

```
import jaskell.parsec.Txt._
val prmt = ">> "
def main(args: Array[String]) {
  while (true) {
    print(prmt)
    val line:State[Char] = readLine()
    //本章的工作将从这里开始
  }
}
}
```

SISP Dotty 版本的代码如下：

```
package sisp

import scala.io.StdIn.readLine
object Repl {
  import jaskell.parsec.Txt._
  import jaskell.parsec.stateConfig
  val prmt = ">> "
  def main(args: Array[String]):Unit = {
    while (true) {
      print(prmt)
      val line = readLine().state
      //本章的工作将从这里开始
    }
  }
}
```

3.2 识别数值

现在，我们要构造一个解释器，它可以将 Repl 读取到的文本解析成对应的数值。如果文本内容不是一个数值，则应该报错。

我们还是先基于 Jaskell Parsec 内置的数值解释组件完成这个工作，稍后再详细讨论这个组件的工作原理。现在，我们先了解它的使用。

第 3 章使用的算术表达式解释器，其解释结果是算术表达式对象，而 Jaskell Parsec 的数字解释算子，解释结果是一段表示数字的文本。所以我们需要定义一个新的算子组件，将这个解释结果进一步处理为数字。

在 JISP 项目中，我们定义一个 parsers package，后续增加的解释器组件都放到这个路径下，然后增加一个 NumberParser 类型：

```
package jisp.parsers;

import jaskell.parsec.ParsecException;
import jaskell.parsec.common.Parsec;
import jaskell.parsec.common.State;
import java.io.EOFException;
import static jaskell.parsec.common.Txt.*;

public class NumberParser implements Parsec<Double, Character> {
    private final Parsec<String, Character> parser = decimal();
    @Override
    public Double parse(State<Character> s) throws EOFException,
ParsecException {
        String data = parser.parse(s);
        return Double.parseDouble(data);
    }
}
```

SISP 的版本：

```
package sisp.parsers

import jaskell.parsec.{Decimal, Parsec, State}
import jaskell.parsec.Txt.decimal

class NumberParser extends Parsec[Double, Char] {
  val parser: Decimal = decimal
  override def ask(s: State[Char]): Either[Exception, Double] = {
    parser ? s map {_.toDouble}
  }
}
```

这里我们充分利用了 Scala 的语言特性，将代码浓缩到了非常紧凑的程度，如果再去掉显式的类型声明，就非常接近 Haskell 的版本了。

然后，我们在 Repl 中使用这个组件，看一下效果，JISP 版代码如下：

```java
package jisp;

import jaskell.parsec.ParsecException;
import jaskell.parsec.common.Parsec;
import jisp.parsers.NumberParser;

import java.io.BufferedReader;
import java.io.IOException;
import java.io.InputStreamReader;

public class Repl {
    private static final String prmt = ">> ";
    private static final Parsec<Double, Character> parser = new
NumberParser();
    public static void main(String[] args) throws IOException {
        while (true) {
            System.out.print(prmt);
            BufferedReader reader = new BufferedReader(new
InputStreamReader(System.in));
            String line = reader.readLine();
            try {
                Double result = parser.parse(line);
            } catch (ParsecException err) {
                System.out.println(String.format( "invalid syntax
[%s] error [%s]", Line, err.getMessage()));
            }
        }
    }
}
```

SISP 版本如下：

```
package sisp

import sisp.parsers.NumberParser

import scala.io.StdIn.readLine

object Repl {

  import jaskell.parsec.Txt._

  val parser = new NumberParser
  val prmt = ">> "
  def main(args: Array[String]) {
    while (true) {
      print(prmt)
      val line = readLine()
      parser ask line match {
        case Right(result) => println(result)
        case Left(error) => println(s"invalid number [$line] error
  [${error.getMessage}]")
      }
    }
  }
}
```

这个 SISP 示例用了 ask 方法而不是前面的?。这两个方法以及 Parsec Trait
的 apply 方法在功能上是等效的，只不过在目前的 Jaskell Core 实现中，?实现的
自动类型推导没有 ask 方法那么全面。在 Dotty 版本中，Scala 3 的编译器基本上
可以正确识别出?操作就是 ask 方法。

现在，我们的解释器可以正确识别数值了（如图 3.1 所示）。

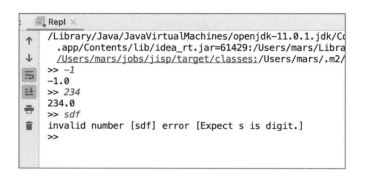

图 3.1 解释器可以正确识别数值

我曾在一个实用的 LISP 解释器项目 GISP[1]中，实现了尽可能精确覆盖各种数值类型的隐式转换规则。由于本书目标只是运用 Jaskell Parsec 实现简单的解释器，所以这里假设所有数值都是双精度浮点数。

3.3 前缀表达式

第 3 章使用过算术表达式的解释器，我们对这种算术表达式都不陌生。它将二元运算符置于两个子式之间。这种形式也称为中缀表达式。

LISP 的独特之处在于，它是前缀表达式。例如，算术表达式 1 + 5 * 7 表示为 LISP 代码是(+ 1 (* 5 7))。这个形式也称为 S 表达式（符号表达式）。它虽然不是我们习惯的形式，但有其独特的优点。S 表达式写出来的就是抽象语法树（Abstract Syntax Tree，AST），它在表达某些特定的逻辑时简洁有力。同时，构造一个基本的 S 表达式解释器也不困难。

---

[1] https://github.com/Dwarfartisan/gisp2

基本的 S 表达式形式由字面量、列表（LISP 的 L 就是 List 的简写，LISP 全称为 LISt Processor）和括号组成，表达式的第一个变量总是函数名，后面是参数。本章暂时不涉及更复杂的内容，我们先实现支持前缀算术表达式求值的解释器。

3.4 表达式求值

传统的中缀算术表达式的定义，可以用类似巴科斯范式（BNF）的形式表示：

```
expr := number | binary
binary := expr + '+'|'-'|'*'|'/' + expr
number := decimal[[e|E]decimal]
decimal := [-]unsigned decimal | integer
unsigned decimal := [unsiged integer + .]unsigned integer
integer := [-]unsigned integer
unsigned integer := digit{1, n}
digit := 0|1|2|3|4|5|6|7|8|9
```

这个定义是大概的示意（不一定能通过 lex 编译器的编译），只是为了展示如何从数字开始，层层叠加，构造出一个完整的算术表达式。可见，即使是解释常规的算术表达式，也需要做这么多工作。我们从上到下逐个解释每一行含义：

- 算式是数值或者二元运算
- 二元运算是对两个算式进行加减乘除
- 数值是可能带有科学记数法的十进制数
- 十进制数是可能带有符号的十进制数
- 无符号十进制数可能带有小数部分，否则它是一个整数
- 带小数的十进制数是小数点两边分别有正整数形式，它本身可以有符号
- 无符号的正整数由一到多个数字（digit）组成
- 数字是 0 到 9 中的某一个

前缀表达式的 BNF 伪码如下：

```
expr := number | s-expr
s-expr := '('+ '+'|'-'|'*'|'/' + s-expr{2, n} ')'
number := decimal[e|E]decimal
decimal := [-]unsigned decimal | integer
unsigned decimal := [unsiged integer + .]unsigned integer
integer := [-]unsigned integer
unsigned integer := digit{1, n}
digit := 0|1|2|3|4|5|6|7|8|9
```

这里最大的区别是，前缀表达式的算式是用括号包围的，它的运算符在最左侧，后面可以带多于两个的参数，例如前缀表达式 (+ 1 2 3) 等价于中缀表达式 1+2+3，结果是 6。

我们直接利用 Jaskell Parsec 的数值解释组件，所以解释前缀表达式并不难。需要注意的是，我们应该能够正确处理递归的算式定义。

首先在项目中增加一个名为 ast 的 package，用来管理解释器后端。从现在开始，我们的解释器不能简单地直接求数值结果了，要先构造出 AST 结构，再使用 ast 在环境中求值。

首先，定义 Element，在 JISP 中，它是一个 interface，代码如下：

```java
package jisp.ast;

import jisp.ParserException;

public interface Element {
    double eval(Env env) throws ParserException;
}
```

这是一个经典的解释器模式定义，它对应的 SISP 版本为：

```scala
package sisp.ast

import scala.util.Try
trait Element {
  def eval(env: Env): Try[Any]
}
```

目前这个解释器支持三种内容：表达式、数值、名字。其中，表达式是函数名和数值的组合，它总是 expr := '('name (expr|number)*')' 的形式。

我们暂时不对命名做更多处理，并且先约定它只出现在表达式的第一个位置。所以可以简单的处理为字符串。在求值时，表达式对象通过命名在 env 中查找对应的函数（即 lambda）对象。

在允许出现数字的位置上，也可能出现表达式。为了实现一致性，我们要把数字封装成一个 NumberElment 类型。稍后，我们也会对命名做同样的处理，并且还会加入更多的数据类型。

JISP 版本的 NumberElment 如下：

```java
package jisp.ast;

public class NumberElement implements Element {
    private final Double value;
    public NumberElement(Double value) {
        this.value = value;
    }
    @Override
    public double eval(Env env) {
        return value;
    }
}
```

SISP 版本的 NumberElment 如下：

```
package sisp.ast

case class NumberElement(num: Double) extends Element {
  override def eval(env: Env): Try[Any] = Success(num)
}
```

这些组件并不复杂，在介绍表达式元素之前，我们先看一下 Env 类型，JISP 的
版本如下：

```
package jisp.ast;

import jisp.ParserException;

import java.util.HashMap;
import java.util.Map;

public class Env {
    private final Map<String, Object> local = new HashMap<>();
    public Object put(String name, Object value) {
        return local.put(name, value);
    }

    public Object get(String name) throws ParserException {
        if (local.containsKey(name)){
            return local.get(name);
        } else {
            throw new ParserException(String.format("%s not found",
            name));
        }
    }
}
```

SISP 的版本与 JISP 的基本一样，区别只是它更符合 Scala 的风格：

```
package sisp.ast

import sisp.ParserException

import scala.collection.mutable
import scala.util.{Failure, Success, Try};

class Env {
  val local = new mutable.HashMap[String, Any]()
  def put(name: String, lambda: Any): Option[Any] = local.put(name,
lambda)

    def get(name: String): Try[Any] = {
    local.get(name) match {
      case Some(re) => Success(re)
      case None => Failure(new ParserException(s"$name not found in
      local environment"))
    }
  }
}
```

目前的 Env 还只是简单封装字典的存取方法，后面章节会给它加入更多功能。

Env 的 get 如果在字典中找到了命名，就返回对应的对象，否则返回错误信息。这里我们定义了一个异常类型，JISP 版本如下：

```
package jisp;

public class ParserException extends Exception {
    public ParserException(String message) {
        super(message);
    }
}
```

SISP 的版本为：

```
package sisp

class ParserException(val message: String) extends Exception {
  override def getMessage: String = message
}
```

这样，我们就为 ast 求值定义了统一的规范。对于数值类型，只需要简单返回它的值。而对于表达式对象，则需要得到它要执行的操作——即第一项对应的 Lambda 对象，然后将其余项作用于这个函数。这里面隐含了递归求值的逻辑，也就实现了对多级表达式的支持。

于是，下一个问题就是要定义 Lambda，JISP 版本如下：

```
package jisp.ast;

public interface Lambda {
    double apply(List<Object> args);
}
```

SISP 的版本如下：

```
package sisp.ast

trait Lambda {
  val name: String

  //scalaz 有此功能的封装，为了不额外引入复杂性，此处手工实现
  def sequenceU(params: Seq[Either[Exception, Any]]):
Either[Exception,
List[Double]] =
    params.foldRight(Right(Nil): Either[Exception, List[Double]])
{ (elem, acc) =>
      for {
        xs <- acc
        x <- elem
      } yield x.asInstanceOf[Double] :: xs
    }
  def apply(params: Seq[Either[Exception, Any]]): Either[Exception,
Double]
}
```

这里需要注意两点：第一，如果仅供表达式计算求值，apply 方法应该写成接受 List<Double>更准确，但是我们稍后要用这个接口实现更丰富的逻辑，所以现在就把它定义成 Object；第二，Scala 版本额外加入了一个工具方法 sequenceU，它将 Either 的 Sequence 翻转为 Sequence 的 Either。这是一个很基础的函数式编程范式，实用项目中我们可以引入 cats 或 scalaz 这样的 Scala 库，但是我们目前仅需要这六七行代码的功能，所以就直接在 Lambda trait 中封装了一个。

这样，每个基本算术操作（加、减、乘、除）就可以实现为一个 Lambda 类型。我们来看 JISP 版本的四则运算，首先是加：

```
package jisp.ast;

import java.util.List;

public class Add implements Lambda {
    @Override
    public double apply(List<Object> args) {
        double result = 0;
        for (Object item: args) {
            result += (Double) item;
        }
        return result;
    }
}
```

JISP 版本的减：

```
package jisp.ast;

import java.util.List;

public class Sub implements Lambda {
    @Override
    public double apply(List<Object> args) {
        double result = (Double) args.get(0);
        for (Object item: args.subList(1, args.size())) {
            result -= (Double) item;
        }
        return result;
    }
}
```

JISP 版本的乘：

```
package jisp.ast;

import java.util.List;

public class Product implements Lambda {
    @Override
    public double apply(List<Object> args) {
        double result = 1;
        for(Object item : args){
            result *= (Double) item;
        }
        return result;
    }
}
```

JISP 版本的除：

```
package jisp.ast;

import java.util.List;

public class Divide implements Lambda {
    @Override
    public double apply(List<Object> args) {
        double result = (Double) args.get(0);
        for(Object item: args.subList(1, args.size())){
            result /= (Double)item;
        }
        return result;
    }
}
```

然后是 Scala 版本的加：

```
package sisp.ast

import scala.util.Try

class Add extends Lambda {
  override def apply(env: Env, params: Seq[Any]): Try[Double] = {
    prepare(env,params)
.map(_.asInstanceOf[Seq[Double]].sum)
  }
}
```

Scala 版本的减：

```
package sisp.ast

import scala.util.Try

class Sub extends Lambda {
  override def apply(env: Env, params: Seq[Any]): Try[Any] =
prepare(env,params).map(_.asInstanceOf[Seq[Double]].reduce((x, y)=>
x - y))
}
```

Scala 版本的乘：

```
package sisp.ast

import scala.util.Try

class Product extends Lambda {
  override def apply(env: Env, params: Seq[Any]): Try[Any] =
prepare(env, params).map(_.asInstanceOf[Seq[Double]].product)
}
```

Scala 版本的除：

```
package sisp.ast

import scala.util.Try

class Divide extends Lambda {
  override def apply(env: Env, params: Seq[Any]): Try[Double] =
prepare(env, params).map(_.asInstanceOf[Seq[Double]].reduce(((x, y)
=> x / y)))
}
```

两个版本没有本质的区别，不过 Scala 版本因为要处理 Try 和 Seq 的复合环境，需要一点额外的操作。随着代码逻辑越来越复杂，我们会看到这种模式的好处。

接下来我们定义解释器类型，让它可以处理算术表达式逻辑。现在我们需要加入两个递归调用的 Parsec 算子：Parser 和 ExprParser。它们的相互引用使得前缀表达式可以支持多层的结构，首先是 JISP 版本的 Parser：

```
package jisp.parsers;

import jaskell.parsec.ParsecException;
import jaskell.parsec.common.Parsec;
import jaskell.parsec.common.State;

import java.io.EOFException;

import static jaskell.parsec.common.Combinator.attempt;
import static jaskell.parsec.common.Combinator.choice;

public class Parser implements Parsec<Character, Object> {
    @Override
    public Object parse(State<Character> s) throws EOFException,
ParsecException {
        Parsec<Object, Character> parser =
                choice(attempt(new ExprParser()), attempt(new
            NumberParser()), new NameParser());
        return parser.parse(s);
    }
}
```

然后是 JISP 版本的 ExprParser：

```
package jisp.parsers;

import jaskell.parsec.ParsecException;
import jaskell.parsec.common.Parsec;
import jaskell.parsec.common.State;
import jisp.ast.Expression;

import java.io.EOFException;

import static jaskell.parsec.common.Atom.pack;
import static jaskell.parsec.common.Combinator.between;
import static jaskell.parsec.common.Combinator.sepBy1;
import static jaskell.parsec.common.Txt.ch;
import static jaskell.parsec.common.Txt.skipWhiteSpaces;

public class ExprParser implements Parsec<Character, Object> {
    private final Parsec<Character, ?> skip = skipWhiteSpaces();
    private final Parsec<Character, Object> elementParser = new
Parser();
    private final Parsec<Character, Expression> parser =
between(ch('('), ch(')'), sepBy1(elementParser, skip)).bind(values -
> pack(new Expression(values)));

    @Override
    public Object parse(State<Character> s) throws EOFException,
ParsecException {
        return parser.parse(s);
    }
}
```

SISP 版本的 Parser 如下：

```
package sisp.parsers
import jaskell.parsec.Combinator.attempt
import jaskell.parsec.{Parsec, State, Try}
class Parser extends Parsec[Char, Any]{
  val number: Parsec[Char, Any] = attempt(new NumberParser)
  override def ask(s: State[Char]): Try[Any] = {
    val parser: Parsec[Char, Any] = quote <|> expr <|> number <|>
string <|> name
    parser ? s
  }
}
```

SISP 版本的 ExprParser 如下：

```
package sisp.parsers
import jaskell.parsec.Combinator.{between, sepBy1}
import jaskell.parsec.Txt.{ch, skipWhiteSpaces}
import jaskell.parsec.{Parsec, SkipWhitespaces, State}
import sisp.ast.{Element, Expression, NumberElement}
import scala.collection.mutable
class ExprParser extends Parsec[Any, Char]{
  val skip: SkipWhitespaces = skipWhiteSpaces
  val elementParser = new Parser
  override def ask(s: State[Char]): Try[Element] = {
    val parser = between(ch('(') >> skip, skip >> ch(')'),
sepBy1(elementParser, skip)) >>=
    { vals =>
       _ => {
         Right(new Expression(vals))
       }
    }
    parser ? s
  }
}
```

Dotty 的版本略有不同：

```
class ExprParser extends Parsec[Char, Any]{
  import jaskell.parsec.parsecConfig
  val skip: SkipWhitespaces = skipWhiteSpaces
  val elementParser = new Parser
  lazy val parser = between(ch('(') *> skip, skip *> ch(')'),
sepBy1(elementParser, skip)) >>= {vals => pack(new Expression(vals))}
  override def apply(s: State[Char]): Try[Element] = parser ? s
}
```

这仅仅是因为不再使用>>连接两个 parsec 算子，而是使用了 Applicative 算子的*>。Haskell 原版的>>其实是一个 map 操作，之所以可以用它连接两个算子，是因为 Haskell 有强大的 curry 推导能力。在 Scala 中模拟这个操作并不自然。Scala3 可以基于完整的 typeclass 能力实现 Applicative。

由于 Scala 具有更丰富的语法功能，我们可以实现更接近 Haskell 原版的形式，但是在功能上，JISP 和 SISP 是等价的。这里有个技巧，我们将一部分算子的构造放到解析方法里，这样只有执行它们时才会构造，这就避免了因两类算子互相依赖，导致构造时无限递归的问题。在 Scala 中，我们还可以将这种递归依赖的成员定义为 lazy 类型。在 SISP 这样的微型项目中，两者区别不大，如果我们非常在意"每次执行时都要构造一个新对象"的代价——这在开发一些实时性要求高或者对内存使用很敏感的项目中就会遇到——可以使用 lazy 成员。

在 Parser 类型中，我们还用到了命名解析算子 NameParser，它的定义并不复杂，但是要注意命名解析的终止条件。

下面是 JISP 的版本：

```
package jisp.parsers;

import jaskell.parsec.ParsecException;
import jaskell.parsec.common.Parsec;
import jaskell.parsec.common.State;
import jisp.ast.Element;

import java.io.EOFException;
import java.util.function.Predicate;

import static jaskell.parsec.common.Combinator.*;
import static jaskell.parsec.common.Atom.*;
import static jaskell.parsec.common.Txt.joining;

public class NameParser implements Parsec<Character, Object> {
    private final Predicate<Character> predicate = c -> !(c == ')'
|| Character.isWhitespace(c));
    private final Parsec<Character, String> parser =
many1(is(predicate)).bind(joining());

    @Override
    public String parse(State<Character> s) throws EOFException,
ParsecException {

        return parser.parse(s);

    }

}
```

SISP 的版本：

```
package sisp.parsers

import jaskell.parsec.Atom.is

import jaskell.parsec.Combinator.many1

import jaskell.parsec.{Parsec, State}

import jaskell.parsec.Txt.mkString

class NameParser extends Parsec[Char, Any] {
  val predicate:Function[Char, Boolean] = {c
=> !(c==')'||c.isWhitespace)}
  val parser: Parsec[Char, Name] = many1(is(predicate)) >>=
mkString >>= { name => pack(new Name(name)) }
  override def ask(s: State[Char]): Try[Any] = parser ? s
}
```

这里 Java 版本的 joining 和 Scala 版本的 mkString 在功能上是类似的，它们只是分别遵循了 Java Stream API 和 Scala 的 StringOps 命名风格。

is 算子是比较特殊的原子算子，它接受一个谓词参数，将来自 state 的元素作用于这个谓词，如果检验通过，就返回它。利用它可以实现比"相等/不相等/包含/不包含"更复杂的判断逻辑。如果用伪代码表示，Name 算子就是 Many1(not (char ')' or white space)) >>= 字符串连接这么一个逻辑。

Haskell 中的>>=操作代表的是函数式编程中一个很重要的概念：FlatMap。我们在 SISP 中利用 scala 语言原有的 flatMap 做了简单封装，而 Java 版中只能尽可能地去模拟 flatMap 的行为（类似 JavaStreamAPI 的 flatMap 行为）。

现在，我们改造 Repl，让它使用 Parser 类型作为解释器入口。JISP 版本如下：

```java
package jisp;

import jaskell.parsec.ParsecException;
import jaskell.parsec.common.Parsec;
import jisp.ast.*;
import jisp.parsers.NumberParser;
import jisp.parsers.Parser;
import java.io.BufferedReader;
import java.io.IOException;
import java.io.InputStreamReader;

public class Repl {
    private final static Env env = new Env();
    static {
        env.put("+", new Add());
        env.put("-", new Sub());
        env.put("*", new Product());
        env.put("/", new Divide());
    }
    private static final String prmt = ">> ";
    private static final Parser parser = new Parser();
    public static void main(String[] args) throws IOException {
        while (true) {
            System.out.print(prmt);
            BufferedReader reader = new BufferedReader(new
        InputStreamReader(System.in));
            String line = reader.readLine();
            try {
                Element element = (Element) parser.parse(line);
                System.out.println(element.eval(env));
            } catch (ParsecException err) {
                System.out.println(String.format("invalid syntax
        [%s] error [%s]", line, err.getMessage()));
            } catch (ParserException err) {
                System.out.println(String.format("eval [%s] error
        [%s]", line, err.getMessage()));
            }
        }
    }
}
```

SISP 版本:

```
package sisp

import jaskell.parsec.ParsecException

import sisp.ast.{Add, Divide, Element, Env, Sub}
import sisp.parsers.{NumberParser, Parser}
import scala.io.StdIn.readLine

object Repl {
  import jaskell.parsec.Txt._
  val parser = new Parser
  val prmt = ">> "
  val env = new Env;
  env.put("+", new Add)
  env.put("-", new Sub)
  env.put("*", new sisp.ast.Product)
  env.put("/", new Divide)
  def main(args: Array[String]) {
    while (true) {
      print(prmt)
      val line = readLine()
      parser ask line flatMap {
        _.asInstanceOf[Element].eval(env)
      } match {
        case Right(result) => println(result)
        case Left(error) => println(s" [$line] error
  [${error.getMessage}]")
      }
    }
  }
}
```

注意，这里我们首先定义了一个 env 对象，然后向其中加入了四则运算函数。这也是我们将 Scala 版本的环境字典定义为 mutable 类型的原因，因为我们需要动态添加对象。将来讨论变量定义、函数定义等问题时，我们会继续深化这里的功能。

现在，我们的 Repl 可以支持任意前缀表达式形式的算式了（如图 3.2 所示）。

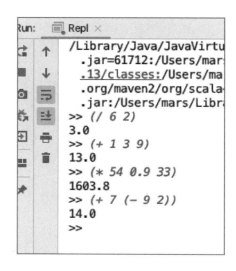

图 3.2　前缀表达式算式运算示例

第 4 章

文本解析

第 3 章完成了简单的数字解析功能，本章开始实现文本解析功能。文本解析是我们的解释器要处理的重要的问题，它的主要难点在于转义字符。

4.1 文本和文本字面量

简单文本的表示并不难。我们将字符串字面量定义为用双引号包围的一段内容，下面几个例子都是字符串：

```
"abc"
"这是一个中文字符串"
"Java 不支持字符串换行，但是按我们的定义
这样的内容是允许的"
"  字符串前后带有空格也是合法的  "
```

读者也许会想到，利用 Parsec 的 between 算子，就可以定义字符串算子，比如这是 Java 的版本：

```
var parser = between(ch('"'), ch('"'), many(one))
```

用 Scala 写会是这样：

```
val parser = between(ch('"'), ch('"'), many(one))
```

但是这样做不会成功（有兴趣的朋友可以试一下）。这里的问题在于 between 会先"充分"匹配中间的 many(one)，再匹配右边的双引号，这会导致双引号被识别为字符串的内容，于是我们的算子一直识别到文本末尾也不会停止。我们需要定义一个算子，识别出不包含引号的内容。

所以，JISP 版本的算子定义应该是：

```
var parser = between(ch('"'), ch('"'), many(nch('"')))
```

对应的 SISP 版本是:

```
val parser = ch('"') *> many(one) <* ch('"')
```

如果我们想在文本中使用双引号,应该怎么办呢?这就引出了下面的内容:转义字符。

4.2 转义字符——在字符串中包含字符串

任何有经验的程序员对转义字符都不会陌生。如果我们想在字符串中加入一些特殊内容时,就会使用转义字符。具体来说,就是用反斜杠(\)加特定字符表示的文本会被解释成一个新的字符,常见的规则有:

```
\\ -> \
\t -> 制表符
\n -> 回车
\r -> 换行
```

这里为了演示,不得不用文字来代表那些显示为空白的字符。

说到换行(new line)的问题,传统的 windows 使用\r\n,这其实是沿用了机械打字机的"换行—回车"操作,而 unix/linux 使用\n,早年的 Apple 系统使用\r。现在各种系统的换行基本都在向\n 靠拢。

这里我们需要单独定义转义字符算子,然后将它和 nch('"')组合起来,放进many 中。

JISP 版本的转义字符算子表示为：

```
private final Parsec<Character, Character> escapeCharacter =
ch('\\').then(s -> {
        Character c = s.next();
        switch (c) {
            case 'n':
                return '\n';
            case 'r':
                return '\r';
            case 't':
                return '\t';
            case '"':
                return '"';
            default:
                throw s.trap(String.format("invalid char \\%c", c));
        }
    });
```

SISP 版本为：

```
val escapeChar: Parsec[Char, Char] = attempt(ch('\\') >> { s =>
one ? s flatMap {
    case 'n' => Success('\n')
    case 't' => Success('\t')
    case 'r' => Success('\r')
    case '"' => Success('"')
    case '\\' => Success('\\')
    case c => Failure(new ParserException(s"expect a escape char but
get \\$c"))
  }
})
```

由于要在识别无效转义字符时构造异常，我们在 SISP 中使用了 flatMap，否则可以进一步简化为 map 调用。

在非转义字符的解析逻辑里，还需要加入"不等于反斜杠"这个约束，将这两个字符都排除掉。

有两种办法可以实现这个逻辑：一是手工实现谓词逻辑，判断字符是否符合预期；另一个是调用 parsec 库的 chNone 算子，指定需要排除的字符。

我将两种方法都列出来，注释里是 is 算子方案，没有注释的是 chNone 方案。

JISP 版本为：

```
// private final Predicate<Character> predicate = c -> !(c == '"' ||
// c == '\\');
// private final Parsec<Character, Character> character =
// attempt(is(predicate));
    private final Parsec<Character, Character> character =
attempt(chNone("\"\\"));
```

SISP 版本为：

```
// val predicate: Char => Boolean = { c: Char => c != '"' && c !=
// '\\' }
// val char: Parsec[Char, Char] = is(predicate)
  val char: ChNone = chNone("\"\\")
```

需要注意的是我们在 chNone 的定义中给出的字符串参数，也要写成转义字符。

完整的 JISP 版本定义如下：

```java
package jisp.parsers;
import jaskell.parsec.ParsecException;
import jaskell.parsec.common.Parsec;
import jaskell.parsec.common.State;
import java.io.EOFException;
import static jaskell.parsec.common.Combinator.*;
import static jaskell.parsec.common.Txt.*;
public class StringParser implements Parsec<Object, Character> {
    private final Parsec<Character, Character> character =
attempt(chNone("\"\\"));
    private final Parsec<Character, Character> escapeCharacter =
ch('\\').then(s -> {
        Character c = s.next();
        switch (c) {
            case 'n':
                return '\n';
            case 'r':
                return '\r';
            case 't':
                return '\t';
            case '"':
                return '"';
            default:
                throw s.trap(String.format("invalid char \\%c", c));
        }
    });
    private final Parsec<String, Character> parser =
between(ch('"'), ch('"'),many(choice(character,
escapeCharacter))).bind(joining());

    @Override
    public Object parse(State<Character> s) throws EOFException,
ParsecException {
        return parser.parse(s);
    }
}
```

完整的 SISP 版本为：

```
package sisp.parsers

import jaskell.parsec.Atom.one
import jaskell.parsec.Combinator.{attempt, between, many}
import jaskell.parsec.Txt.{ch, chNone, mkString}
import jaskell.parsec.{ChNone, Parsec, State}
import sisp.ParserException
import scala.util.{Success, Failure}

class StringParser extends Parsec[Any, Char] {
// val predicate: Char => Boolean = { c: Char => c != '"' && c !=
// '\\' }
// val char: Parsec[Char, Char] = is(predicate)
  val char: ChNone = chNone("\"\\")
  val escapeChar: Parsec[Char, Char] = attempt(ch('\\')) >> { s =>
one ? s flatMap {
      case 'n' => Success('\n')
      case 't' => Success('\t')
      case 'r' => Success('\r')
      case '"' => Success('"')
      case '\\' => Success('\\')
      case c => Failure(new ParserException(s"expect a escape char
but get \\$c"))
    }
  })
  lazy val parser: Parsec[String, Char] = between(ch('"'), ch('"'),
many(escapeChar <|> char)) >>= mkString
  override def ask(s: State[Char]): Either[Exception, String] = {
    parser ? s
  }
}
```

Dotty 版本在形式上略有区别：

```
class StringParser extends Parsec[Char, Any] {
  import jaskell.parsec.parsecConfig
  val char: ChNone = chNone("\"\\")
  val escapeChar: Parsec[Char, Char] = (ch('\\') *> {(s:
State[Char]) => one ? s flatMap {
    case 'n' => Success('\n')
    case 't' => Success('\t')
    case 'r' => Success('\r')
    case '"' => Success('"')
    case '\\' => Success('\\')
    case c => Failure(new ParserException(s"expect a escape char
but get \\$c"))
    }
  }).attempt
  lazy val parser: Parsec[Char, String] = between(ch('"'), ch('"'),
many(escapeChar <|> char)) >>= mkString
  override def apply(s: State[Char]): Try[String] = {
    parser ? s
  }
}
```

这是因为我最初把"试错"操作设计成一个组合子，但其实 Haskell 原版的 try 是一个非常独特的基础算子，与 Either 类型组合使用。而 try 对 Java 和 Scala 来说太过重要而不适合作为一个单独的命名。Haskell 可以借助其特有的语法风格，使 try 算子的用法非常优雅。原版的 try 对于 parsec 算子，可以写成一个前缀单词，这样的形式比括号层级调用更漂亮，这个能力在其他编程语言中难以模仿，所以我将其改写为 attempt，并在 Scala 3 中将其实现为一个 typeclass 方法，让代码形式尽可能简化。

JISP 版本使用的 choice 算子，就是 SISP 中的<|>运算符。这个算子会逐个尝试预设算子，如果当前算子成功，就返回结果；如果失败，同时 state 复位到计算前的状态，那么就尝试下一个算子，直到有一个成功，或者某一个算子失败后没有成功复位，或者全部失败。所以了除最后一个算子不做要求，传入 choice 的其他算子都应该有失败后复位的能力。这就是我们在代码中使用 attempt 算子的用意。

4.3 整合解释器

现在，我们在解释器中加入对字符串的识别，JISP 版本的 Parser 如下：

```java
package jisp.parsers;

import jaskell.parsec.ParsecException;
import jaskell.parsec.common.Parsec;
import jaskell.parsec.common.State;
import java.io.EOFException;
import static jaskell.parsec.common.Combinator.attempt;
import static jaskell.parsec.common.Combinator.choice;

public class Parser implements Parsec<Character, Object> {
    @Override
    public Object parse(State<Character> s) throws EOFException,
ParsecException {
        var parser = choice(attempt(new ExprParser()),
                attempt(new NumberParser()),
                attempt(new StringParser()),
                new NameParser());
        return parser.parse(s);
    }
}
```

SISP 版本的 Parser：

```
package sisp.parsers

import jaskell.parsec.Combinator.attempt
import jaskell.parsec.{Parsec, State, Try}

class Parser extends Parsec[Char, Any]{
  lazy val expr: Parsec[Char, Any] = attempt(new ExprParser)
  val number: Parsec[Char, Any] = attempt(new NumberParser)
  val string: Parsec[Char, Any] = attempt(new StringParser)
  val quote: Parsec[Char, Any] = attempt(new QuoteParser)
  val name: Parsec[Char, Any] = attempt(new NameParser)
  override def ask(s: State[Char]): Try[Any] = {
    val parser: Parsec[Char, Any] = quote <|> expr <|> number <|>
string <|> name
    parser ? s
  }
}
```

这里改动并不大，只是在解释器中加入字符串算子，现在它还没有发挥作用，在算术表达式中加入文本内容，也只会让它抛出类型转换异常。下一章讨论变量和作用域问题，会用到更丰富的数据类型。

第 5 章

解释器环境

5.1 命名作用域

命名作用域是指每个变量命名的有效范围，在这个范围内，我们可以得到变量名对应的值。

目前的 Env 仅仅是对字典的简单封装，现在我们对它做一点儿扩展，后面的章节会用到这个功能。

JISP 版本的修改如下：

```
package jisp.ast;

import jisp.ParserException;
import java.util.HashMap;
import java.util.Map;

public class Env {
    private Env global = null;
    public Env getGlobal() { return global; }
    public void setGlobal(Env env) { global = env; }
    private final Map<String, Object> local = new HashMap<>();
    public Object put(String name, Object value) { return
local.put(name, value); }
    public Object findOut(String name) throws ParserException {
        if(global == null) { throw new
ParserException(String.format("%s not found", name)); }
        return global.get(name);
    }
    public Object findIn(String name) throws ParserException {
        if (local.containsKey(name)){
            return local.get(name);
        } else { throw new ParserException(String.format("%s not
found in local", name)); }
    }
    public Object get(String name) throws ParserException {
        try {
            return findIn(name);
        } catch (ParserException notfound){
            return findOut(name);
        }
    }
}
```

SISP 版本的修改如下：

```scala
package sisp.ast

import sisp.ParserException
import scala.collection.mutable
import scala.util.{Failure, Success, Try};
class Env {
  var global: Option[Env] = None
  val local = new mutable.HashMap[String, Any]()
  def put(name: String, lambda: Any): Option[Any] = local.put(name,
lambda)
  def findUp(name: String): Try[Any] = {
    global.map(_ get name).getOrElse(Failure(new
  ParserException(s"$name not found")))
  }
  def findIn(name: String): Try[Any] = {
    local.get(name).map(re =>
  Success(re)).getOrElse[Try[Any]](Failure(new
  ParserException(s"$name not found in local environment")))
  }
  def get(name: String): Try[Any] = {
    findIn(name).orElse(findUp(name))
  }
  def eval(param: Any): Try[Any] = {
    param match {
      case elem: Element => elem.eval(this)
      case result: Try[Any] => result
      case _ => Success(param)
    }
  }
  def copy(): Env = {
    val re = new Env
    re.global = None
    re.local.addAll(this.local)
    re
  }
}
```

我们给 Env 加上了一个可变的字段 global，并将其内部字典改名为 local。这个选择来自 python 的 global/local 概念。如果按照 Perl 5 的设计，还可以进一步细化成 var/our/my，但以我个人经验来看，global/local 在一般情况下够用了。

我们将搜索操作进一步细化成了三类。findIn 只搜索局部命名，这对一些特定语法是有用的，例如在执行闭包对象（closure）时，我们希望它的变量作用域是静态绑定的，一旦 closure 构造成功，就不应该再发生改变。findOut 用于向上一级命名域搜索，通常它供 get 方法调用。get 方法是默认的命名搜索逻辑，首先搜索本地，如果没有找到命名，递归向上搜索，直至找到命名或者得到一个命名不存在的错误信息。

如果 global 为 None，findOut 方法总是会返回错误。

5.2 变量定义

变量定义，就是在局部命名作用域中写入命名和绑定的值。我们模仿 JVM 上最受欢迎的 LISP 实现，采用 Clojure 的风格，将这个操作命名为 def。需要注意的是，Clojure 的 def 是直接向最顶层命名域写入变量，但我感觉对于一个嵌入式的解释器来说，没有必要这样做。大多数情况下，我会直接在宿主程序中调用解释器环境，在其中定义变量。这里，我们将它实现为在局部作用域中写入变量。

为了在语句执行时能操作命名作用域，我们需要修改 Lambda 的 eval 操作。

JISP 的版本如下：

```java
package jisp.ast;

import jisp.ParserException;

import java.util.ArrayList;
import java.util.List;

public interface Lambda {
    default List<Object> prepare(Env env, List<Object> args) throws
ParserException
    {
        List<Object> result = new ArrayList<>();
        for(Object param: args) {
            if (param instanceof Element) {
                result.add(((Element) param).eval(env));
            } else {
                result.add(param);
            }
        }
        return result;
    }
    default Object extractValue(Env env, Object data) throws
ParserException {
        if(data instanceof Element) {
            return ((Element) data).eval(env);
        } else {
            return data;
        }
    }
    Object apply(Env env, List<Object> args) throws ParserException;
}
```

SISP 的版本如下：

```scala
package sisp.ast

import sisp.ParserException

import scala.jdk.javaapi.CollectionConverters
import scala.util.{Failure, Success, Try}

trait Lambda {
  def prepare(env: Env, params: Seq[Any]): Try[Seq[Any]] = {
    params.foldRight(Success(Nil): Try[List[Any]]) { (param, acc) =>
      for {
        xs <- acc
        x <- param match {
          case element: Element =>
            element.eval(env)
          case _ =>
            Success(param)
        }
      } yield x :: xs
    }
  }
  def sequenceU[T](params: Seq[Try[T]]): Try[List[T]] =
    params.foldRight(Try(List[T]())) { (elem, acc) =>
      for {
        xs <- acc
        x <- elem
      } yield x.asInstanceOf[T] :: xs
    }
  def apply(env: Env, params: Seq[Any]): Try[Any]
}
```

除了扩展 apply 方法，增加 env 参数，我们还增加了一个 prepare 方法，集中实现参数求值逻辑。这是因为有一些语句并不是简单地对代码的求值结果进行计算，它们可能需要取到未执行的代码结构，例如 def 需要得到第一个参数的命名，将第二个参数的求值结果与之绑定。这在理论上应该是一个宏。Java 程序员可能不太容易理解宏的概念，所以我们采用一个变通的办法，允许 Lambda 对象自己决定是否对参数求值。Prepare 方法仅仅是一个辅助的工具方法，具体的 Lmabda 实现可以根据自己的需要决定如何使用它。

做完这个修改后，之前实现的四则运算也要做相应的调整，例如，加法的 JISP 版本应该修改为：

```java
package jisp.ast;

import jisp.ParserException;

import java.util.List;

public class Add implements Lambda {
    @Override
    public Object apply(Env env, List<Object> args) throws
ParserException {
        double result = 0;
        for (Object item: args) {
            result += (Double) extractValue(env, item);
        }
        return result;
    }
}
```

SISP 版本的加法应该修改为：

```
package sisp.ast
class Add extends Lambda {
  override def apply(env: Env, params: Seq[Any]): Either[Double] = {
    prepare(env,params)
      .map(_.asInstanceOf[Seq[Double]].sum)
  }
}
```

这里不列出其余运算的代码了，有兴趣的读者可以自己动手试试，或者阅读代码仓库中的版本。

完成这些准备工作后，我们可以实现 def 语句了。JISP 版本如下：

```
package jisp.ast;

import jisp.ParserException;

import java.util.List;

public class Def implements Lambda {
    @Override
    public Object apply(Env env, List<Object> args) throws
ParserException {
        var name = ((Name)args.get(0)).getName();
        var value = extractValue(env, args.get(1));
        env.put(name, value);
        return value;
    }
}
```

SISP 版本如下：

```
package sisp.ast

import sisp.ParserException

import scala.util.{Failure, Success, Try}

class Def extends Lambda {
  override def apply(env: Env, params: Seq[Any]): Try[Any] = {
    val name = params.head.asInstanceOf[Name].name
    if(env.findIn(name).isSuccess){
      return Failure(new ParserException(s"$name exists"))
    }
    env.eval(params(1)) flatMap { value =>
      env.put(name, value)
      Success(value)
    }
  }
}
```

相应的 JISP 版测试代码如下：

```
package jisp;

import jisp.ast.*;
import jisp.parsers.Parser;
import org.junit.Assert;
import org.junit.Test;

import java.io.EOFException;

public class DefTest {
    private final Env env = new Env();
```

```java
    public DefTest() {
        env.put("def", new Def());
        env.put("+", new Add());
        env.put("-", new Sub());
        env.put("*", new Product());
        env.put("/", new Divide());
    }

    private final Parser parser = new Parser();

    @Test
    public void testBasic() throws EOFException, ParserException {
        parse("(def pi 3.14)");
        Object result = parse("(* pi 2)");
        Assert.assertEquals(6.28d, result);
    }

    public Object parse(String source) throws EOFException,
ParserException {
        Object ast =  parser.parse(source);
        if (ast instanceof Element){
            return ((Element) ast).eval(env);
        } else {
            return ast;
        }
    }
}
```

SISP 版测试代码如下：

```scala
import org.scalatest.flatspec.AnyFlatSpec
import org.scalatest.matchers.should.Matchers
import sisp.Repl.{env, parser}
import sisp.ast.{Add, Def, Divide, Element, Env, Sub}
import sisp.parsers.Parser
import scala.util.{Successs}

class DefSpec extends AnyFlatSpec with Matchers {
  import jaskell.parsec.stateConfig
  val env = new Env;
  env.put("def", new Def)
  env.put("+", new Add)
  env.put("-", new Sub)
  env.put("*", new sisp.ast.Product)
  env.put("/", new Divide)
  "Def" should "def a var and then use" in {
    parse("(def pi 3.14)") should be (Success(3.14))
    parse("(* 2 pi)") should be (Success(6.28))
  }
  def parse(source:String): Try[Any] = {
    val parser = new Parser
    parser ? source.state flatMap {
      case element: Element => element.eval(env)
      case result: Try[Any] => result
      case any => Success(any)
    }
  }
}
```

现在，我们的解释器可以定义和使用变量了（如图 5.1 所示）。

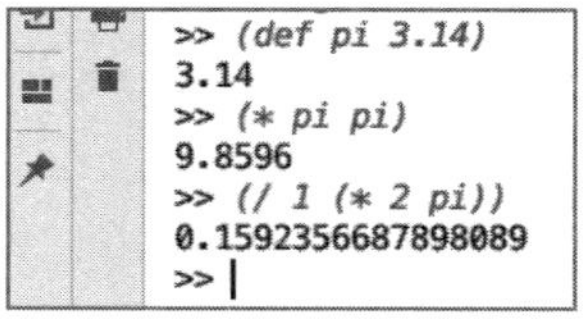

图 5.1 定义和使用变量的示例

5.3 "不可变"命名

现代编程语言普遍将 def 的命名实现为"只读"变量，即不能对它重新赋值。我们的代码还没有这个限制，不过实现它并不难。JISP 版本的实现如下：

```java
package jisp.ast;

import jisp.ParserException;
import java.util.List;
public class Def implements Lambda {
    @Override
    public Object apply(Env env, List<Object> args) throws
ParserException {
        var name = ((Name)args.get(0)).getName();
        try {
            env.findIn(name);
        } catch (ParserException notFound) {
            var value = extractValue(env, args.get(1));
            env.put(name, value);
            return value;
        }
        throw new ParserException(String.format("def failed, %s
exists", name));
    }
}
```

这里的逻辑有点不太好理解。首先我们尝试用 findIn 查找本地环境，如果没有找到这个命名（抛出了 ParserException 异常），就在 catch 中定义命名，如果能顺利找到，说明这个变量在本地环境中已经有定义，那么就抛出异常，报告命名错误。

相对来说，SISP 的版本更清晰一些：

```java
package jisp.ast;

import jisp.ParserException;
import java.util.List;
public class Def implements Lambda {
    @Override
    public Object apply(Env env, List<Object> args) throws
ParserException {
        var name = ((Name)args.get(0)).getName();
        try {
            env.findIn(name);
        } catch (ParserException notFound) {
            var value = extractValue(env, args.get(1));
            env.put(name, value);
            return value;
        }
        throw new ParserException(String.format("def failed, %s
exists", name));
    }
}
```

请注意，我们允许用局部命名覆盖全局命名。

传统的 LISP 设计更倾向于用 let 子句定义明确的变量作用范围，然后在这个范围内定义局部变量，稍后我们会实现这个功能。

第 6 章

语句块与结构
化编程

结构化编程规范了程序逻辑的基本要素，即所有的程序逻辑，都可以通过顺序执行、逻辑选择、循环来定义。LISP 的内在逻辑虽然略有不同，但是对顺序执行语句的需求是存在的。这个逻辑在不同的 LISP 方言中叫法不一样，有些称作 progn，Clojure 称之为 do。

Clojure 的 do 接受若干表达式语句，顺序执行，并返回最后一条语句的结果。例如：

```
(do
  (+ 1 2)
  (+ 2 3)
  3.14)
```

最后只返回 3.14，前面的运算结果都被忽略了。

还有一个初学者容易弄错的地方：

```
(do
  (+ 1 2)
  (+ 2 3)
  (println 55))
```

最后的返回值不是 55，而是 Nil。55 是 println 向程序外部输出的内容，println 本身的返回值是 Nil。

6.1 do

do 的实现很简单：对传入的内容顺序求值，返回最后的结果。JISP 版本如下：

```
package jisp.ast;

import jisp.ParserException;
import java.util.List;

public class Do implements Lambda {
    @Override
```

```
    public Object apply(Env env, List<Object> args) throws
ParserException {
        for(Object arg: args.subList(0, args.size()-1)) {
            env.eval(arg);
        }
        return env.eval(args.get(args.size()-1));
    }
}
```

SISP 的版本：

```
package sisp.ast

import scala.util.{Try}

class Do extends Lambda {
  override def apply(env: Env, params: Seq[Any]): Try[Any] = {
    params.dropRight(1).foreach {env.eval}
    env.eval(params.last)
  }
}
```

尽管现代编程越来越不鼓励在程序运行时任意修改变量，但这仍然是一个有用的功能，在类似 do 这样的语句中，我们没有理由禁止它。所以这里仍然需要严格地按顺序执行语句，以保证时序正确。

另外一个有用的功能是，我们可以在 do 环境中设定局部变量。我们此前已经做足了准备工作，所以这一步变得非常简单，只需要做一点简单的扩展。JISP 的版本如下：

```
package jisp.ast;
import jisp.ParserException;
import java.util.List;
public class Do implements Lambda {
    @Override
    public Object apply(Env env, List<Object> args) throws
ParserException {
        var environment = new Env();
        environment.setGlobal(env);
        for (Object arg : args.subList(0, args.size() - 1)) {
            environment.eval(arg);
        }
        return environment.eval(args.get(args.size() - 1));
    }
}
```

SISP 的版本：

```
package sisp.ast
class Do extends Lambda {
  override def apply(env: Env, params: Seq[Any]): Try[Any] = {
    val environment:Env = new Env
    environment.global = Some(env)
    params.dropRight(1).foreach {environment.eval}
    environment eval params.last
  }
}
```

这样，在 do 中定义的变量就不会污染外面的环境。这里，我们通过一段测试来演示该功能的用法。JISP 版本如下：

```java
package jisp;

import jisp.ast.*;
import jisp.parsers.Parser;
import org.junit.Assert;
import org.junit.Test;

import java.io.EOFException;

public class DoTest {
    private final Env env;
    private final Parser parser = new Parser();
    public DoTest() {
        env = new Env();
        env.put("def", new Def());
        env.put("do", new Do());
        env.put("+", new Add());
        env.put("-", new Sub());
        env.put("*", new Product());
        env.put("/", new Divide());
    }

    @Test
    public void testDo() throws EOFException, ParserException {
        Assert.assertEquals(2.0, env.eval(parser.parse("(do (+ 7 5)
(- 3 1))")));
        Assert.assertEquals(2.14, env.eval(parser.parse("(do (def pi
3.14) (+ 7 5) (- pi 1))")));
    }
}
```

SISP 的版本：

```scala
import org.scalatest.flatspec.AnyFlatSpec
import org.scalatest.matchers.should.Matchers
import sisp.ast.{Add, And, Def, Divide, Do, Env, Eq, Great,
GreatOrEquals, If, IsFalse, IsTrue, Less, LessOrEquals, Sub}
import sisp.parsers.Parser
import scala.util.{Success}

class DoSpec extends AnyFlatSpec with Matchers {
  import jaskell.parsec.Txt._
  val parser = new Parser
  val env = new Env
  env.put("def", new Def)
  env.put("do", new Do)
  env.put("+", new Add)
  env.put("-", new Sub)
  env.put("*", new sisp.ast.Product)
  env.put("/", new Divide)

  "Do" should "run sources in sort" in {
    parser ask "(do (+ 7 5) (- 3 1))" flatMap env.eval should be
(Success(2))
  }

  "Do Def" should "run sources with def" in {
    parser ask "(do (def pi 3.14) (+ 7 5) (- pi 1))" flatMap
env.eval should be (Success(2.14))
  }
}
```

6.2 let

let 可以看成是带有专门的变量定义段的 do。它接收的第一个参数是变量定义表达式，在这个表达式中定义仅在 let 中有效的变量，这一过程称之为绑定（bind）。例如 Clojure 的 let：

```
(let [offset 5
    limit 10]
    (str
    "select * from t "
    "limit " limit
    "offset" offset))
```

这里生成了一条分页查询语句。不同的 LISP 方言，对 let 的具体规定可能有些差异，例如在 Common Lisp 中，没有指定值的命名，会绑定为 nil，而 Clojure 要求定义段的元素总是成对出现，并且左边总是命名。因为这部分代码也是顺序执行，如果我们需要跳过其中一部分程序逻辑的值，可以用下划线（_）作为占位符。Clojure 用中括号代表这里构造一个 vector，而不是普通的前缀表达式。这有利增强程序性能，也便于简化类似 let 这样的复杂形式。

为了简单起见，我们暂时不增加对 vector 的支持，允许传入一个 List 作为定义段。其他规则遵循 Clojure 的设计。有兴趣的读者可以自己在 let 中加入对 vector 的支持。

值得一提的是，let 并非"公理"级别的功能，在 Clojure 中，它是一个宏。有兴趣的读者可以自行阅读这部分代码。

let 的实现并不复杂，甚至可以说其逻辑相当朴素，需要注意的是不要对定义段直接求值，而应该分别处理奇偶项。JISP 版本的 let 如下：

```java
package jisp.ast;

import jisp.ParserException;
import java.util.List;
public class Let implements Lambda {
    @Override
    public Object apply(Env env, List<Object> args) throws
ParserException {
        var declares = args.get(0);
        if (!(declares instanceof Expression)) {
            throw new ParserException(String.format("first element
        of let must be declare but now is %s", declares));
        }
        var environment = new Env();
        environment.setGlobal(env);
        var pairs = ((Expression) declares).getElements();
        if (pairs.size() % 2 != 0) {
            throw new ParserException(String.format("invalid declare
        (%s)", pairs));
        }
        for (var idx = 0; idx < pairs.size(); idx += 2) {
            var name = pairs.get(idx);
            if (!(name instanceof Name)) {
                throw new ParserException(String.format("invalid
            declare, first element must be a name but [%s]", name));
            }
            var result = environment.eval(pairs.get(idx + 1));
            env.put(((Name) name).getName(), result);
        }
        for (var element : args.subList(1, args.size())) {
            env.eval(element);
        }
        return env.eval(args.get(args.size() - 1));
    }
}
```

因为在 Java 11 的 stream 里做 sliding 操作仍然不方便，所以我这里用了一个 step 为 2 的 for 循环。

SISP 的版本如下：

```
package sisp.ast
import sisp.ParserException
import scala.util.{Failure, Success, Try}
class Let extends Lambda {
  override def apply(env: Env, params: Seq[Any]): Try[Any] = {
    val declares = params.head
    if (!declares.isInstanceOf[Expression]) {
      return Failure(new ParserException(s"first element of let must
      be declare but now is $declares"))
    }
    val environment = new Env
    environment.global = Some(env)
    val vars = declares.asInstanceOf[Expression].elements
    if(vars.size % 2 != 0){
      return Failure(new ParserException(s"declare block must have
      even items"))
    }
    for (pair <- vars.sliding(2, 2)) {
      if (!pair.head.isInstanceOf[Name]) {
        return Failure(new ParserException(s"invalid declare, first
        element must be a name but [${pair.head}]"))
      }
      val name = pair.head.asInstanceOf[Name]
      environment.eval(pair.last) flatMap { value =>
      Success(environment.put(name.name, value)) } match {
        case left: Failure[_] => return left
        case right: Success[_] => right
      }
    }
    params.drop(1).dropRight(1) foreach environment.eval
    environment eval params.last
  }
}
```

这些代码大部分都是在转型和判断 let 的形式是否符合规则，主干代码几乎与 do 一样，仅增加了对 declares 段的处理。

最后，我们给出 let 的测试代码，JISP 的版本如下：

```java
package jisp;

import jisp.ast.*;
import jisp.parsers.Parser;
import org.junit.Assert;
import org.junit.Test;
import java.io.EOFException;
public class LetTest {
    private final Env env;
    private final Parser parser = new Parser();
    public LetTest() {
        env = new Env();
        env.put("def", new Def());
        env.put("do", new Do());
        env.put("let", new Let());
        env.put("+", new Add());
        env.put("-", new Sub());
        env.put("*", new Product());
        env.put("/", new Divide());
    }
    @Test
    public void testLet() throws EOFException, ParserException {
        Assert.assertEquals(6.28, env.eval(parser.parse("(let (pi
3.14 step 2) (* pi step))")));
    }
}
```

SISP 版本：

```scala
import org.scalatest.flatspec.AnyFlatSpec
import org.scalatest.matchers.should.Matchers
import sisp.ast._
import sisp.parsers.Parser
import org.scalatest.TryValues._
import scala.util.Success

class LetSpec extends AnyFlatSpec with Matchers {
  import jaskell.parsec.stateConfig

  import jaskell.parsec.Txt._

  val parser = new Parser
  val env = new Env
  env.put("def", new Def)
  env.put("do", new Do)
  env.put("let", new Let)
  env.put("+", new Add)
  env.put("-", new Sub)
  env.put("*", new sisp.ast.Product)
  env.put("/", new Divide)

  "Let" should "support local vars" in {
    (parser ? "(let (pi 3.14) (* 2 pi))".state flatMap {exp =>
  env.eval(exp)}).success.value shouldBe 6.28
  }

}
```

第 7 章

逻辑运算和
比较运算

前面我们讨论了算术表达式的解释计算，对于计算机编程，逻辑运算也是最基本和最重要的功能之一。这里我们讨论逻辑运算的实现。

逻辑运算分为两类：一类是对逻辑值，也就是布尔值的运算（与、或、非）；另一类是对其他数据类型的比较运算（相等、不等、大于、小于等）。

7.1 逻辑判定 true?和 false?

通常来说，LISP 的实现风格更偏向动态弱类型。典型的 LISP 实现（如 Clojure）通常允许从几乎任意类型得到逻辑值，其判定规则大概有这么几条：

- Nil 等同于 false
- 空的容器，例如 list、array、map、set，视为 false
- 空的字符串，视为 false
- 0 视为 false
- 宿主环境中的 true/false 直接对应
- 其他视为 true

由此得到两个工具函数：true?和 false?。它们可以接收任意元素，判定其逻辑值。

现在要实现这两个函数。我们不用定义新的解释器组件，只需要加入两个新的 Lambda 类型。

JISP 版本的 true?实现如下：

```
package jisp.ast;

import jisp.ParserException;
import java.util.Collection;
import java.util.List;
public class IsTrue implements Lambda {
    @Override
    public Object apply(Env env, List<Object> args) throws
ParserException {
        if (args.size() != 1) {
```

```java
        throw new ParserException(String.format("true? function
only accept single parameter but %d passed", args.size()));
        }
        return isTrue(env.eval(args.get(0)));
    }
    // isTrue not eval anything, just check it
    public static boolean isTrue(Object item) throws ParserException{
        if (item == null) {
            return false;
        }
        if (item instanceof Boolean) {
            return (Boolean) item;
        }
        if (item instanceof Number) {
            return !(((Number) item).doubleValue() == 0);
        }
        if(item instanceof String) {
            return !item.toString().isEmpty();
        }
        if (item instanceof Collection<?>) {
            return ((Collection<?>)item).isEmpty();
        }
        return true;
    }
}
```

SISP 版本的 true?实现如下：

```java
package sisp.ast

import java.util
import sisp.ParserException
```

```scala
import scala.collection.View.Collect
import scala.util.{Failure, Try}
class IsTrue extends Lambda {
  override def apply(env: Env, params: Seq[Any]): Try[Boolean] = {
    if(params.size != 1){
      return Failure(new ParserException(s"true? function require
      single parameter"))
    }
    env.eval(params.head) map IsTrue.isTrue
  }
}
object IsTrue {
  def isTrue(param: Any) : Boolean = param match {
    case boolean: Boolean => boolean
    case number: Number => number.intValue() != 0
    case either: Either[_, _] => either.isRight
    case t: Try[_] => t.isSuccess
    case opt: Option[_] => opt.isDefined
    case coll: util.Collection[_] => !coll.isEmpty
    case seq: Seq[_] => seq.nonEmpty
    case map: Map[_, _] => map.nonEmpty
    case set: Set[_] => set.nonEmpty
    case str: String => str.nonEmpty
    case Nil => false
    case null => false
    case _ => true
  }
}
```

    需要注意的是，Scala 3 会给出警告：case Nil 永远无法匹配。所以我们给出
一个更精细的 Dotty 版本：

```
package sisp.ast

import java.util
import sisp.ParserException
import scala.collection.View.Collect
import scala.util.{Failure, Try}
class IsTrue extends Lambda {
  override def apply(env: Env, params: Seq[Any]): Try[Boolean] = {
    if(params.size != 1){
      return Failure(new ParserException(s"true? function require
      single parameter"))
    }
    env.eval(params.head) map IsTrue.isTrue
  }
}
object IsTrue {
  def isTrue(param: Any) : Boolean = param match {
    case boolean: Boolean => boolean
    case number: Number => number.intValue() != 0
    case either: Either[_, _] => either.isRight
    case t: Try[_] => t.isSuccess
    case opt: Option[_] => opt.isDefined
    case coll: util.Collection[_] => !coll.isEmpty
    case seq: Seq[_] => seq.nonEmpty
    case map: Map[_, _] => map.nonEmpty
    case set: Set[_] => set.nonEmpty
    case str: String => str.nonEmpty
    case v:Any if(v != Nil)  => true
    case null => false
    case _ => false
  }
}
```

对应的 false?判定，仅仅是对 true?的结果求反。JISP 版本如下：

```
package jisp.ast;

import jisp.ParserException;
import java.util.Collection;
import java.util.List;
public class IsFalse implements Lambda {
    @Override
    public Object apply(Env env, List<Object> args) throws
ParserException {
        if (args.size() != 1) {
            throw new ParserException(String.format("false? function
        only accept single parameter but %d passed",args.size()));
        }
        return !IsTrue.isTrue(env.eval(args.get(0)));
    }
}
```

SISP 版本如下：

```
package sisp.ast

import java.util
import sisp.ParserException
class IsFalse  extends IsTrue {
  override def apply(env: Env, params: Seq[Any]): Try[Boolean] = {
    if(params.size != 1){
      return Left(new ParserException(s"true? function require
    single parameter"))
    }
    env.eval(params.head) map {result => !IsTrue.isTrue(result)}
  }
}
```

这两个实现都不复杂，仅仅是将我们的规则写进去。需要注意的是这里 isTrue 工具函数并不对 Element 求值，是否求值仍由调用它的 Lambda apply 方法决定。

这两个方法可以像其他函数一样，注册到 Env 环境使用，同时其他逻辑运算也要依赖它们将参数规范为布尔值。当然，通常情况下我们仅使用 IsTrue.isTrue 函数。

现在我们利用这个函数，编写 and 和 Or。我们项目的特殊之处在于，LISP 使用前缀表达式，例如 (and x y z)，相当于中缀表达式的 x and y and z，只有当三个元素都为 true 时结果才是 true。JISP 版本的 and 如下：

```
package jisp.ast;

import jisp.ParserException;
import java.util.List;

public class And implements Lambda {
    @Override
    public Object apply(Env env, List<Object> args) throws
ParserException {
        for (Object arg: args) {
            if(!IsTrue.isTrue(env.eval(arg))) {
                return false;
            }
        }
        return true;
    }
}
```

SISP 版本的 and 如下：

```
package sisp.ast

class And extends Lambda {
  override def apply(env: Env, params: Seq[Any]): Either[Exception,
Boolean] = prepare(env, params) flatMap { elements =>
    for (item <- params) {
      env.eval(item) map IsTrue.isTrue match {
        case left: Left[_, _] => return left
        case Right(false) => return Right(false)
        case Right(true) => Right(true)
      }
    }
    return Right(true)
  }
}
```

由于 Java 异常会自然地中断业务逻辑，这个版本比 SISP 的版本更简单。

这里需要注意一个细节，在不同的 case 分支，我们分别控制是否需要 return。这个逻辑其实并不优雅，Intellij 甚至会提醒第三个分支无效。但是这样做可以实现短路操作。未来的版本会尝试更干净的写法。

or 的逻辑是只有当所有元素都为 false 时，才返回 false。它的 JISP 实现如下：

```
package jisp.ast;

import jisp.ParserException;

import java.util.List;

public class Or implements Lambda {

    @Override

    public Object apply(Env env, List<Object> args) throws
ParserException {

        for (Object arg: args) {

            if(IsTrue.isTrue(env.eval(arg))) {

                return true;

            }

        }

        return false;

    }

}
```

SISP 的版本：

```
package sisp.ast

class Or extends Lambda {

  override def apply(env: Env, params: Seq[Any]): Either[Exception,
Boolean] = prepare(env, params) flatMap { elements =>

    for (item <- params) {

      env.eval(item) map IsTrue.isTrue match {

        case left: Left[_, _] => return left

        case Right(true) => return Right(true)

        case Right(false) => Right(false)

      }

    }

    return Right(false)

  }

}
```

我们能写出 and 和 or，再写 not 就不困难了。JISP 版本的 not 如下：

```
package jisp.ast;
import jisp.ParserException;
import java.util.Collection;
import java.util.List;
public class Not implements Lambda {
    @Override
    public Object apply(Env env, List<Object> args) throws
ParserException {
        if (args.size() != 1) {
            throw new ParserException(String.format("not function
        only accept single parameter but %d passed",args.size()));
        }
        return !IsTrue.isTrue(env.eval(args.get(0)));
    }
}
```

SISP 版本的 not：

```
package sisp.ast
import sisp.ParserException
class Not extends IsTrue {
  override def apply(env: Env, params: Seq[Any]): Either[Exception,
Boolean] = {
    if(params.size != 1){
      return Left(new ParserException(s"not function require single
parameter"))
    }
    env.eval(params.head) map {result => !IsTrue.isTrue(result)}
  }
}
```

这跟 false?的实现完全一样。我们甚至可以直接将 false?注册为 not。

7.2 比较运算

常用的比较运算包括 > < >= <= == !=，这些比较运算有两个共同的逻辑：

- 任给两个元素，计算结果是一个布尔值
- 对于多于两个元素的比较表达式，总是遵循 and，例如，(> x y z)相当于中缀表达式的((x > y) and (y > z))

所有的比较操作都要实现这两个逻辑。在实现具体的比较操作之前，我们先要实现 Compare。JISP 版本的 Compare Interface 如下：

```
package jisp.ast;

import jisp.ParserException;
import java.util.List;

public interface Compare extends Lambda {
    boolean cmp(Object x, Object y);
    default boolean compare(List<Object> args) throws
ParserException {
        if(args.size() < 2) {
            throw new ParserException(String.format("args [size %d]
        too less for compare", args.size()));
        }
        var left = args.get(0);
        for (Object right: args.subList(1, args.size())){
            if(!cmp(left, right)){
                return false;
            }
            left = right;
        }
        return true;
    }
```

```
    @Override
    default Object apply(Env env, List<Object> args) throws
ParserException {
        return compare(prepare(env, args));
    }
}
```

这里我们将每个比较操作的具体实现留给实现类型，仅在这里实现表达式重组和计算的逻辑。对于 SISP 版本，适当引入一些 FP 形式后，可以写成：

```
package sisp.ast

import sisp.ParserException

trait Compare extends Lambda {
  val and = new And
  def cmp(x: Any, y: Any): Either[Exception, Boolean]
  def compare(seq: Seq[Any]): Either[Exception, Boolean] = {
    if(seq.size < 2){
      return Left(new ParserException(s"can't compare ${seq.size}
    args, need more args for compare"))
    }
    sequenceU(seq.sliding(2).map(pair => cmp(pair.head,
    pair.last)).toSeq).map {_forall identity}
  }
  override def apply(env: Env, params: Seq[Any]): Either[Exception,
Any] = prepare(env, params).flatMap(compare)
}
```

这里我们利用 Element 的 seqenceU 方法，将数据处理流程串起来。

于是，我们就可以相应的写出各种比较运算。由于 Clojure 是 JVM 上最成功的 LISP 方言，我们仍以它为例。Clojure 的相等和不相等判定分别是 = 和 not= ，我们这里遵循 Java 的风格，使用 == 和 != ，不要混淆了。

接下来，我们实现相等判定，JISP 的版本如下：

```
package jisp.ast;

import java.util.Objects;

public class Eq implements Compare {
    @Override
    public boolean cmp(Object x, Object y) {
        return Objects.equals(x, y);
    }
}
```

这里我们利用了 Objects 的内置相等判定。SISP 版本则利用 Scala 的内置相等判定逻辑：

```
package sisp.ast

class Eq extends Compare {
  override def cmp(x: Any, y: Any): Either[Exception, Boolean] =
Right(x == y)
}
```

不等判定是相等判定的反义，不再赘述了。我们看两个典型的操作：大于和大于等于。大于判定的 JISP 形式如下：

```
package jisp.ast;

public class Great implements Compare {
    @Override
    public boolean cmp(Object x, Object y) {
        if (x instanceof  Number && y instanceof  Number) {
            return ((Number)x).doubleValue() >
        ((Number)y).doubleValue();
        }
        if(!(x instanceof Comparable) || !(x.getClass().isInstance(y))){
            return false;
        }
        return ((Comparable) x).compareTo(y) > 0;
    }
}
```

　　这里我们利用了标准库中的 Compare 类型，就需要处理不可比较的情况，如果参与比较的类型不是 Comparable，或者两个类型不兼容，我们就任由 Java 抛出异常。当然，如果追求工程质量，这里应该处理为解释器的自定义异常。相应的 SISP 版本如下：

```
package sisp.ast

import sisp.ParserException

class Great extends Compare {
  override def cmp(x: Any, y: Any): Either[Exception, Boolean] = {
   x match {
     case value: Number if y.isInstanceOf[Number] =>
   Right(value.doubleValue() > y.asInstanceOf[Number].doubleValue())
     case value: Ordered[x.type] if y.isInstanceOf[x.type] =>
   Right(value.compareTo(y.asInstanceOf) > 0)
```

```
    case _  => Left(new ParserException(s"$x and $y are type of
  [$x.type] that is't comparable"))
   }
 }
}
```

SISP 版本的思路是相似的，区别仅在于它会将不兼容的类型处理为 Left。另外，两个版本都针对 number 类型做了特别的处理。

接下来是大于等于，它比大于又多了一个隐含的 or 逻辑。JISP 的版本如下：

```
package jisp.ast;

public class GreatOrEquals implements Compare {
    @Override
    public boolean cmp(Object x, Object y) {
        if (x instanceof  Number && y instanceof  Number) {
            return ((Number)x).doubleValue() >=
          ((Number)y).doubleValue();
        }
        if(!(x instanceof Comparable) || !(x.getClass().isInstance(y))){
            return false;
        }
        return ((Comparable) x).compareTo(y) >= 0;
    }
}
```

SISP 版本如下：

```
package sisp.ast
import sisp.ParserException
```

```scala
class GreatOrEquals extends Compare {
  override def cmp(x: Any, y: Any): Either[Exception, Boolean] = {
   x match {
     case value: Number if y.isInstanceOf[Number] =>
 Right(value.doubleValue() >= y.asInstanceOf[Number].doubleValue())
     case value: Ordered[x.type] if y.isInstanceOf[x.type] =>
 Right(value.compareTo(y.asInstanceOf) >= 0)
     case _ => Left(new ParserException(s"$x and $y are type of
 [$x.type] that is't comparable"))
    }
  }
}
```

其余比较逻辑是类似的，我们不一一列举了。有兴趣的读者可以自己尝试实现，或者阅读项目代码仓库。

最后，我们给出 and 的测试代码，读者可以尝试自己实现更多的测试。

JISP 版本如下：

```java
package jisp;

import jisp.ast.*;
import jisp.parsers.Parser;
import org.junit.Assert;
import org.junit.Test;

import java.io.EOFException;

public class AndTest {
    private final Env env;
    private final Parser parser = new Parser();
    public AndTest() {
        env = new Env();
```

```java
        env.put("def", new Def());
        env.put("if", new If());
        env.put("and", new And());
        env.put("or", new Or());
        env.put("==", new Eq());
        env.put("!=", new NotEq());
        env.put(">", new Great());
        env.put("<", new Less());
        env.put(">=", new GreatOrEquals());
        env.put("<=", new LessOrEquals());
        env.put("+", new Add());
        env.put("-", new Sub());
        env.put("*", new Product());
        env.put("/", new Divide());
    }

    @Test
    public void testXAndY() throws EOFException, ParserException {
        Assert.assertEquals(true, env.eval(parser.parse("(and (> 1
0) (> 2 1))")));
        Assert.assertEquals(false, env.eval(parser.parse("(and (> 1
0) (< 2 1))")));
        Assert.assertEquals(false, env.eval(parser.parse("(and (> 0
0) (> 2 1))")));
    }
}
```

SISP 版本如下：

```scala
import org.scalatest.flatspec.AnyFlatSpec
import org.scalatest.matchers.should.Matchers
import sisp.ast.{Add, And, Def, Divide, Element, Env, Eq,
Expression, Great, GreatOrEquals, If, IsFalse, IsTrue, Less,
LessOrEquals, Sub}
```

```scala
import sisp.parsers.Parser

import scala.util.Success

class AndSpec extends AnyFlatSpec with Matchers {
  import jaskell.parsec.Txt._
  import jaskell.parsec.textParserConfig

  val parser = new Parser
  val env = new Env
  env.put("def", new Def)
  env.put("if", new If)
  env.put("+", new Add)
  env.put("-", new Sub)
  env.put("*", new sisp.ast.Product)
  env.put("/", new Divide)
  env.put("and", new And)
  env.put("true?", new IsTrue)
  env.put("false?", new IsFalse)
  env.put("==", new Eq)
  env.put("!=", new Eq)
  env.put(">", new Great)
  env.put("<", new Less)
  env.put(">=", new GreatOrEquals)
  env.put("<=", new LessOrEquals)

  "XAndY" should "true only (and true true)" in {
    parser ? "(and (> 1 0) (> 2 1))" flatMap { element =>
      element.asInstanceOf[Element].eval(env)
    } should be (Success(true))

    parser ? "(and (> 1 0) (< 2 1))" flatMap { element =>
      element.asInstanceOf[Element].eval(env)
```

```
    } should be (Success(false))
    parser ? "(and (> 0 0) (> 2 1))" flatMap { element =>
      element.asInstanceOf[Element].eval(env)
    } should be (Success(false))

    (parser ? "(and (> 0 abc) (> 2 1))" flatMap { element =>
      element.asInstanceOf[Element].eval(env)
    }).isFailure should be (true)
  }
}
```

第 8 章

逻辑分支

本章和第 9 章讨论 LISP 最基本的语法要素：逻辑分支和函数定义。这两个语法要素地位特殊，特别是逻辑分支，其地位可以视为"公理"。实现这两个要素后，我们的解释器在语言层面上就基本上达到完备了。

通常我们将 if else 和 switch case 视作两种不同的语法，但在实现上（例如 Clojure），if 可以简单地视为只有一个分支的 cond，而 case 可以看做是一种特殊的 cond。我们这里仅讨论 cond 和 if。

8.1 if 的实现

if 可以接受两个或者三个参数，并对第一个参数（我们称之为条件语句，condition）求布尔值，如果布尔值为 true，则执行第二个参数并返回求值结果；否则执行第三个参数并返回结果，如果只有两个参数，则返回 Nil。

在前几章 Lambda 的基础上，实现 if 就很简单了。JISP 版本如下：

```java
package jisp.ast;

import jaskell.parsec.common.Is;
import jisp.ParserException;
import java.util.List;
public class If implements Lambda {
    @Override
    public Object apply(Env env, List<Object> args) throws
ParserException {
        if(args.size() < 2 || args.size() > 3) {
            throw new ParserException(String.format("invalid
        statement (if %s) [size is %d], parameters count of if must
        always 2 or 3",args, args.size()));
        }
        var cond = IsTrue.isTrue(env.eval(args.get(0)));
        if(cond){
            return env.eval(args.get(1));
        } else {
            if (args.size()==3){
                return env.eval(args.get(2));
            } else {
                return null;
            }
        }
    }
}
```

SISP 的版本：

```scala
package sisp.ast

import sisp.ParserException
import scala.util.{Failure, Success, Try}

class If extends Lambda {
  override def apply(env: Env, params: Seq[Any]): Try[Any] = {
    if (params.size < 2 || params.size > 3) {
      return Failure(new ParserException(s"invalid if statement (if
$params), parameters size should be 2 or 3"))
    }
    env.eval(params.head) map IsTrue.isTrue flatMap { check =>
      if (check) {
        env.eval(params(1))
      } else {
        if (params.size == 3) {
          env.eval(params(2))
        } else {
          Success(Nil)
        }
      }
    }
  }
}
```

我们用测试代码演示一下 if 语句的用法。JISP 版本如下：

```java
package jisp;

import jaskell.parsec.common.TxtState;
import jisp.ast.*;
```

```java
import jisp.parsers.Parser;
import org.junit.Assert;
import org.junit.Before;
import org.junit.Test;
import java.io.EOFException;

public class IfTest {
    private final Env env;
    private final Parser parser = new Parser();
    public IfTest() {
        env = new Env();
        env.put("def", new Def());
        env.put("if", new If());
        env.put("==", new Eq());
        env.put("!=", new NotEq());
        env.put(">", new Great());
        env.put("<", new Less());
        env.put(">=", new GreatOrEquals());
        env.put("<=", new LessOrEquals());
        env.put("+", new Add());
        env.put("-", new Sub());
        env.put("*", new Product());
        env.put("/", new Divide());
    }

    @Test
    public void testEquals() throws EOFException, ParserException {
        Assert.assertEquals(1.0d, ((Element)parser.parse("(if (== 5
5) 1 0)")).eval(env));
        Assert.assertEquals(0d, ((Element)parser.parse("(if (== 5.1
5) 1 0)")).eval(env));
    }

    @Test
    public void testGreat() throws EOFException, ParserException {
```

```java
        Assert.assertEquals(1.0d, ((Element)parser.parse("(if (> 5.1
5) 1 0)")).eval(env));

        Assert.assertEquals(0d, ((Element)parser.parse("(if (> 5.1
5.1) 1 0)")).eval(env));

        Assert.assertEquals(0d, ((Element)parser.parse("(if (> 5
5.1) 1 0)")).eval(env));

    }
    @Test
    public void testLess() throws EOFException, ParserException {
        Assert.assertEquals(1.0d, ((Element)parser.parse("(if (<
3.14 3.15) 1 0)")).eval(env));

        Assert.assertEquals(0d, ((Element)parser.parse("(if (< 3.14
3.14) 1 0)")).eval(env));

        Assert.assertEquals(0d, ((Element)parser.parse("(if (> 5
5.1) 1 0)")).eval(env));

    }

}
```

SISP 版本如下：

```scala
import jaskell.parsec.State
import org.scalatest.flatspec.AnyFlatSpec
import org.scalatest.matchers.should.Matchers

import sisp.Repl.env
import sisp.ast.{Add, Def, Divide, Env, Eq, Expression, Great,
GreatOrEquals, If, IsFalse, IsTrue, Less, LessOrEquals, Sub}
import sisp.parsers.Parser

import scala.util.Success

class IfSpec extends AnyFlatSpec with Matchers {
  import jaskell.parsec.Txt._
  import jaskell.parsec.stateConfig
```

```scala
val parser = new Parser
val env = new Env
env.put("def", new Def)
env.put("if", new If)
env.put("+", new Add)
env.put("-", new Sub)
env.put("*", new sisp.ast.Product)
env.put("/", new Divide)
env.put("true?", new IsTrue)
env.put("false?", new IsFalse)
env.put("==", new Eq)
env.put("!=", new Eq)
env.put(">", new Great)
env.put("<", new Less)
env.put(">=", new GreatOrEquals)
env.put("<=", new LessOrEquals)
"Equals" should "check equals" in {
  parser ? "(if (== 5 5) 1 0)".state flatMap { expr =>
expr.asInstanceOf[Expression].eval(env)

  } should be(Success(1))

  parser ? "(if (== 5 5.0000001) 1 0)".state flatMap { expr =>
expr.asInstanceOf[Expression].eval(env)

  } should be(Success(0))

}
"Greater" should "true if x > y " in {

  parser ? "(if (> 5.0001 5) 1 0)".state flatMap { expr =>
expr.asInstanceOf[Expression].eval(env)

  } should be(Success(1))

  parser ? "(if (> 5 5) 1 0)".state flatMap { expr =>
expr.asInstanceOf[Expression].eval(env)

  } should be(Success(0))

  parser ? "(if (> 5 5.1) 1 0)".state flatMap { expr =>
expr.asInstanceOf[Expression].eval(env)

  } should be(Success(0))
```

```
}
"Less" should "true if x < y " in {

  parser ? "(if (< -5 5) 1 0)".state flatMap { expr =>
expr.asInstanceOf[Expression].eval(env)

  } should be(Success(1))

  parser ? "(if (< 5 0.5) 1 0)".state flatMap { expr =>
expr.asInstanceOf[Expression].eval(env)

  } should be(Success(0))

  parser ? "(if (< 5.1 5.1) 1 0)".state flatMap { expr =>
expr.asInstanceOf[Expression].eval(env)

  } should be(Success(0))

}
"GreatOrEquals" should "true if x >= y " in {

  parser ? "(if (>= 5.0001 5) 1 0)".state flatMap { expr =>
expr.asInstanceOf[Expression].eval(env)

  } should be(Success(1))

  parser ? "(if (>= 5 5) 1 0)".state flatMap { expr =>
expr.asInstanceOf[Expression].eval(env)

  } should be(Success(1))

  parser ? "(if (>= 5 5.1) 1 0)".state flatMap { expr =>
expr.asInstanceOf[Expression].eval(env)

  } should be(Success(0))

}
"LessOrEquals" should "true if x <= y " in {

  parser ? "(if (<= -5 5) 1 0)".state flatMap { expr =>
expr.asInstanceOf[Expression].eval(env)

  } should be(Success(1))

  parser ? "(if (<= -0.5 -0.5) 1 0)".state flatMap { expr =>
expr.asInstanceOf[Expression].eval(env)

  } should be(Success(1))

  parser ? "(if (< 5.1 5) 1 0)".state flatMap { expr =>
expr.asInstanceOf[Expression].eval(env)

  } should be(Success(0))


  parser ? "(if (< 1 1.5 2 2.1) 1 0)".state flatMap { expr =>
expr.asInstanceOf[Expression].eval(env)
```

```
    } should be(Success(1))
    parser ? "(if (< 1 1.5 1 2.1) 1 0)".state flatMap { expr =>
  expr.asInstanceOf[Expression].eval(env)
    } should be(Success(0))
  }
}
```

8.2 cond 的实现

有了 if 作为基础，cond 的实现也就不复杂了。我们允许给 cond 传入奇数或偶数个参数，并逐对处理，对于每一对表达式，先对第一个求 isTrue?，如果得到 true，就执行第二个参数并返回，否则依次向后执行，直至全部语句对都结束后，执行 else 逻辑。如果 cond 有奇数个参数，那么最后一个就是 else 子句，否则返回 Nil。

JISP 版本的 cond 实现：

```
package jisp.ast;

import jisp.ParserException;

import java.util.List;

public class Cond implements Lambda {
    @Override
    public Object apply(Env env, List<Object> args) throws
ParserException {
        List<Object> dispatch;
        var isEven = args.size() % 2 == 0;
        if (isEven) {
            dispatch = args;
        } else {
```

```
            dispatch = args.subList(0, args.size() - 1);
        }
        for (var idx = 0; idx < dispatch.size(); idx += 2) {
            var cond = dispatch.get(idx);
            if (IsTrue.isTrue(env.eval(cond))) {
                return env.eval(dispatch.get(idx + 1));
            }
        }
        if (isEven) {
            return null;
        } else {
            return env.eval(args.get(args.size() - 1));
        }
    }
}
```

SISP 的版本:

```
package sisp.ast

import scala.util.{Success, Try}

class Cond extends Lambda {
  override def apply(env: Env, params: Seq[Any]): Try[Any] = {
    val isEvent = params.size % 2 == 0
    val elseStat: () => Try[Any] = () => {
      if (isEvent) {
        Success(null)
```

```
        } else {

            env.eval(params.last)

        }

    }

    val dispatch = if (isEvent) params else params.dropRight(1)

    dispatch.sliding(2, 2).map(pair => (env.eval(pair.head),
  pair.last))
collectFirst {

        case (Success(true), expr) => env.eval(expr)

    } getOrElse elseStat()

  }

}
```

这里用到了 Scala 迭代器的 collectFirst 方法，它寻找第一个符合条件的元素并给出计算结果。值得注意的是，if 的 else 执行逻辑跟 cond 其实是一样的，我们可以复用这一段逻辑，甚至可以完整的复用 cond 的实现，仅在 if 最前面加上对参数个数的限制即可。有兴趣的读者可以作为自己练习。

我们还是用测试代码演示 cond 语句的用法。JISP 版本如下：

```
package jisp;
import jisp.ast.*;
import jisp.parsers.Parser;
import org.junit.Assert;
import org.junit.Test;
import java.io.EOFException;
public class CondTest {
```

```java
private final Env env;

private final Parser parser = new Parser();

public CondTest() {

    env = new Env();

    env.put("def", new Def());

    env.put("cond", new Cond());

    env.put("==", new Eq());

    env.put("!=", new NotEq());

    env.put(">", new Great());

    env.put("<", new Less());

    env.put(">=", new GreatOrEquals());

    env.put("<=", new LessOrEquals());

    env.put("+", new Add());

    env.put("-", new Sub());

    env.put("*", new Product());

    env.put("/", new Divide());

}

@Test

public void testEquals() throws EOFException, ParserException {

    Assert.assertEquals(1.0d, ((Element)parser.parse("(cond (==
5 5) 1 0)")).eval(env));

    Assert.assertEquals(6.28d, env.eval(parser.parse("(cond (==
5.1 5) 1 (!= 3.14 3.14) 2 (* 2 3.14))")));

}

@Test

public void testGreat() throws EOFException, ParserException {

    Assert.assertEquals(25.0d, ((Element)parser.parse("(cond (>
5.1 5) (* 5 5) 0)")).eval(env));

    Assert.assertEquals(25.5d, env.eval(parser.parse("(cond (>
5.1 5.1) (* 5.1 5.1) (> 5.1 5) (* 5.1 5) 0)")));

    Assert.assertEquals(0d, ((Element)parser.parse("(cond (> 5
5.1) 1 (== 5 5) 0)")).eval(env));

}
```

```
}
```

SISP 版本如下：

```
import org.scalatest.flatspec.AnyFlatSpec
import org.scalatest.matchers.should.Matchers
import sisp.ast._
import sisp.parsers.Parser

import scala.util.Success

class CondSpec extends AnyFlatSpec with Matchers {

  import jaskell.parsec.Txt._
  import jaskell.parsec.stateConfig

  val parser = new Parser
  val env = new Env
  env.put("def", new Def)
  env.put("cond", new Cond)
  env.put("+", new Add)
  env.put("-", new Sub)
  env.put("*", new sisp.ast.Product)
  env.put("/", new Divide)
  env.put("true?", new IsTrue)
  env.put("false?", new IsFalse)
  env.put("==", new Eq)
  env.put("!=", new Eq)
  env.put(">", new Great)
  env.put("<", new Less)
  env.put(">=", new GreatOrEquals)
  env.put("<=", new LessOrEquals)
  "Equals" should "check equals" in {
    parser ? "(cond (== 5 5) 1 (== 9 (* 3 3)) 0)".state flatMap { expr
=> expr.asInstanceOf[Expression].eval(env)
```

```
      } should be(Success(1))

    parser ? "(cond (== 5.01 5) 1 (== 9 (* 3 3)) 0)".state flatMap{expr
  => expr.asInstanceOf[Expression].eval(env)

      } should be(Success(0))

    parser ? "(cond (== 5 5.0000001) 1 (* 3 3))".state flatMap {expr
  => expr.asInstanceOf[Expression].eval(env)

      } should be(Success(9))

  }

  "Greater" should "true if x > y " in {

    parser ? "(cond (> 5.0001 5) (* 2 3.14) 0)".state flatMap { expr
  => expr.asInstanceOf[Expression].eval(env)

      } should be(Success(6.28))

    parser ? "(cond (> 5 5) 1 (> 3.14 3) 3.14)".state flatMap { expr
  => expr.asInstanceOf[Expression].eval(env)

      } should be(Success(3.14))

    parser ? "(cond (> 5 5.1) 1 (> 3.14 3.14) 3.14 (* 2 3.14))".state
  flatMap { expr => expr.asInstanceOf[Expression].eval(env)

      } should be(Success(6.28))

  }

}
```

第 9 章

定义函数

定义函数是本书的重点。本章会实现一个真正的"高级语言功能"——函数定义。它提供重要的抽象功能。我们还会实现"高级"编程语言才有的功能——尾递归优化。

第 6 章提到过,结构化编程的三要素是顺序、选择、循环。我们已经实现了前两个,本章将通过递归函数实现循环。

9.1 具名函数和匿名函数

在很多编程语言中，函数都是有特殊地位的语法要素，定义函数需要提供一个静态的命名。一部分编程语言提供了匿名函数，允许我们定义一个可执行的对象。LISP 遵循了这种 Lambda 模型。以 Clojure 为例，函数定义的关键字 defn 其实是定义操作 def 和函数声明 fn 的组合。也就是说，函数定义本身与命名无关，它首先是一个函数——即 Lambda。

我们也采取同样的策略，先实现 fn 功能，再实现 defn。就我个人的经验来说，对于嵌入 Java 或 Scala 项目中使用的微型解释器，通过其代码定义可复用的函数并不是一个特别常用的功能，稍后会提供从解释器外部定义函数的方法。

函数的一个重要功能是实现局部变量和形式参数。实现局部变量可以参考实现 let 的思路，而实现形式参数，还需要我们多做一点工作。

Clojure 和其他 LISP 方言提供了强大的 destructure 功能，可以方便地从复杂的结构中获取变量内容，这个功能对于 let 子句和 fn 子句都是很重要的功能。但是为了简单起见，本书不涉及这部分内容。

定义函数时，函数接受的第一个参数是形式参数列表，其后是顺序执行的表达式——与 do 的行为逻辑相同，区别是这里不执行，仅仅将其"保存"下来。应注意这里是不解析的，所以它像 let 一样，在正规的 LISP 实现中应该是一个宏。为简单起见，我们的项目都实现为 Lambda。这个行为的执行结果是一个 Fn 变量，调用时需要传入符合参数列表的实际参数。

如果追求实用性，还可以增加一些辅助功能，主要是供反射使用的元信息，例如文档字符串、参数列表反射等。为简单起见，我们略过这部分功能，有兴趣的读者可以自行练习。我们在实现 Fn 时，会为其预留出这种可能性。

我们要实现一个 Fn 类型，它的 apply 结果是定义出一个新的 Lambda 对象，这个对象可以根据自己的参数列表和函数体执行并求得结果。

JISP 的版本如下：

```java
package jisp.ast;

import jisp.ParserException;
import java.util.ArrayList;

import java.util.List;

public class Fn implements Lambda {
    @Override
    public Object apply(Env env, List<Object> args) throws
ParserException {
        if(!(args.get(0) instanceof Expression)) {
            throw new ParserException(String.format("args list must
be a list but [%s]", args.get(0)));
        }
        var parameters = ((Expression)args.get(0)).getElements();
        List<Name> argNames = new ArrayList<>();
        for(var p : parameters){
            if(!(p instanceof Name)) {
                throw new ParserException(String.format("args list
must all names but given [%s]", p));
            }
            argNames.add((Name)p);
        }
        return new Lambda() {
            private final List<Name> parameters = argNames;
            private final List<Object> body = args.subList(1,
args.size());

            @Override
```

```java
        public Object apply(Env env, List<Object> args) throws
ParserException {

            if(parameters.size() != args.size()){

                throw new ParserException(String.format("function
            invoke require %d parameters but given %d",
            parameters.size(), args.size()));

            }

            var environment = new Env();

            environment.setGlobal(env);

            for(var idx= 0; idx < parameters.size(); idx++){

                environment.put(parameters.get(idx).getName(),
             env.eval(args.get(idx)));

            }

            for(var expr: body.subList(0, body.size()-1)) {

                env.eval(expr);

            }

            return env.eval(body.get(body.size()-1));

        }
    };
    }
}
```

SISP 的版本如下：

```scala
package sisp.ast

import sisp.ParserException

import scala.collection.mutable
import scala.util.{Try, Success, Failure}

class Fn extends Lambda{
  override def apply(env: Env, params: Seq[Any]): Try[Any] = {
    if(!params.head.isInstanceOf[Expression]) {
```

```scala
      return Failure(new ParserException(s"args list must be a list
    but [${params.head}]"))
    }
    val parameters = params.head.asInstanceOf[Expression].elements
    for(p <- parameters){
      if(!p.isInstanceOf[Name]) {
        return Failure(new ParserException(s"args list must all
      names but given $p"))
      }
    }
    Success(new Lambda {
      val args: Seq[Name] = parameters.map(_.asInstanceOf[Name])
      val body: Seq[Any] = params.tail
      override def apply(env: Env, params: Seq[Any]): Try[Any] = {
        val environment = new Env
        environment.global = Some(env)
        if(params.size != args.size) {
          return Failure(new ParserException(s"the function invoke
        need ${args.size} parameters bug given ${params.size}"))
        }
        args zip params foreach {pair =>
          val (name, parameter) = pair
          environment.put(name.name, env.eval(parameter))
        }
        for(expr <- body dropRight 1){
          env.eval(expr)
        }
        env.eval(body.last)
      }
    })
  }
}
```

无论是 Java 版本，还是 Scala 版本，函数的生成结果都是以匿名类型对象的形式给出的。还可以将其进一步简化为 lambda 形式，有兴趣的读者可以自行尝试。

接下来，我们讨论递归的问题。

9.2 递归与循环

递归即函数调用自己。传统的编程语言（如 Java）不鼓励在实用项目中滥用递归，因为过深的递归会导致调用栈溢出。不少编程语言对递归做了优化，将尾递归（即以递归调用结尾的程序）优化为迭代。

我们的项目也可以实现这个功能。让我们先看看 Clojure 的实现方案。Clojure 的尾递归优化主要通过两种方式实现。其中一种是 recur，这也是最常用的方式，编译器会将 recur 调用转化为最近一层可递归调用的迭代形式。强调可递归调用是因为它不仅可用于函数调用，也常用于 loop 循环。Clojure 的 loop 就是通过 recur 递归来实现的，请看下面这个来自 clojuredocs.org 的例子：

```
(loop [res [0 1]]
  (if (>= (count res) 1000)
    res
    (recur (conj res (+' (inc (last res)) (dec (last (butlast
res)))))))))
```

这个 loop 输出斐波那契数列的前一千项。再看来自同一页面的另一个例子：

```
;Note that recur can be surprising when using variadic functions.
(defn foo [& args]
  (let [[x & more] args]
```

```
    (prn x)
    (if more (recur more) nil)))
(defn bar [& args]
  (let [[x & more] args]
    (prn x)
    (if more (bar more) nil)))
;The key thing to note here is that foo and bar are identical,except
;that foo uses recur and bar uses "normal" recursion. And yet...
user=> (foo :a :b :c)
:a
:b
:c
nil
user=> (bar :a :b :c)
:a
(:b :c)
nil
;The difference arises because recur does not gather variadic/rest
;args into a seq.
```

这个例子演示了用 recur 实现递归函数的方法。

Clojure 实现尾递归优化的另一种方式是 trampoline, 它是 Clojure 的内置函数, 也是很好用的尾递归工具。它的思路和 recur 的不一样, 它接受一个函数和一组参数作为自己的调用参数, 然后检查返回值, 如果返回了一个新的无参数函数, 它就重复执行这个函数, 直到得到执行结果, 这样就实现了将尾递归变成迭代。请看下面这个来自 clojuredocs.org 的例子:

```
(defn foo [x]
  (if (< x 0)
    (println "done")
```

```
     #(foo (do (println :x x) (dec x)))))
;; #'user/foo
;; `trampoline` will keep calling the function
;; for as long as "foo" returns a function.
(trampoline foo 10)
;; :x 10
;; :x 9
;; :x 8
;; :x 7
;; :x 6
;; :x 5
;; :x 4
;; :x 3
;; :x 2
;; :x 1
;; :x 0
;; done
;;=> nil
```

这个函数不是很常见，我第一次知道它是在 4clojure.org 的一道习题里。通常 recur 就足够用了，但 trampoline 有它的好处，适当组合不同的工具，可以有效提高代码质量。

回到我们的项目。我们也可以借鉴类似的思路，只要 Fn 的 apply 返回一个 recur，就将其识别出来，作为迭代的不动点，重复调用。因为我们仅将这个表达式识别为递归调用，所以它比较简单，不承载任何解释功能，仅仅传递参数列表。我们将函数调用封装为一个 while 循环，循环的中止条件是返回值不为 recur，如果返回值不为 recur，就给出求得的值。

为此，我们先定义实现 recur 子句的 Recur 类型，它返回 RecurExpression 类型，这个类型用于传递 recur 表达式。再将函数对象与 Fn 表达式分开，先定义一个可递归协议 Recurable，在其中定义尾递归处理行为，留出一个抽象方法 invoke(args)，再定义一个 Func 类型，在 invoke 方法中实现 LISP 函数调用。

我们逐一实现这几个类型。首先是 RecurExpression，它的 JISP 版本如下：

```java
package jisp.ast;

import java.util.List;

public class RecurExpression {
    private final List<Object> parameters;
    public RecurExpression(List<Object> parameters) {
        this.parameters = parameters;
    }
    public List<Object> getParameters() {
        return parameters;
    }
}
```

SISP 版本：

```scala
case class RecurExpression(params: Seq[Any])
```

case class 在 Scala 中表示一种只读的类型，Scala 的类型系统为之提供了一系列语言级支持，传递数据时非常方便。

然后是构造 recur 表达式的 recur 子句，它的 JISP 版本如下：

```
package jisp.ast;

import jisp.ParserException;
import java.util.List;

public class Recur implements Lambda {
    @Override
    public Object apply(Env env, List<Object> args) throws
ParserException {
        return new RecurExpression(args);

    }
}
```

对应的 SISP 版本：

```
package sisp.ast

class Recur extends Lambda {
  override def apply(env: Env, params: Seq[Any]): Try[Any] = {
    sequenceU(params map env.eval) map RecurExpression
  }
}
case class RecurExpression(params: Seq[Any])
```

然后是用于表示可递归对象的 Recurable，JISP 版本如下：

```
package jisp.ast;
import jisp.ParserException;
import java.util.List;
public interface Recurable extends Lambda {
    Object invoke(Env env, List<Object> args) throws
ParserException;
```

```
    default Object apply(Env env, List<Object> args) throws
ParserException {
        Object result = invoke(env, args);
        while (result instanceof RecurExpression) {
            var expr = (RecurExpression) result;
            result = invoke(env, expr.getParameters());
        }
        return result;
    }
}
```

SISP 版本如下：

```
package sisp.ast

trait Recurable extends Lambda {
  def invoke(env: Env, params: Seq[Any]):Try[Any]
  override def apply(env: Env, params: Seq[Any]): Try[Any] = {
    var result = invoke(env, params)
    while(result.isSuccess &&
    result.get.isInstanceOf[RecurExpression]) {
      result = result.flatMap(recur => invoke(env,
      recur.asInstanceOf[RecurExpression].params))
    }
    result
  }
}
```

接下来是基于 Recurable 类型定义的 Func 对象，JISP 的版本如下：

```
package jisp.ast;
```

```java
import jisp.ParserException;
import java.util.List;

public class Func implements Recurable {
    private final List<Name> parameters;
    private final List<Object> body;
    public Func(List<Name> parameters, List<Object> body) {
        this.parameters = parameters;
        this.body = body;
    }
    public List<Name> getParameters() {
        return parameters;
    }
    public List<Object> getBody() {
        return body;
    }
    @Override
    public Object invoke(Env env, List<Object> args) throws
ParserException {
        if(parameters.size() != args.size()){
            throw new ParserException(String.format("function invoke
require %d parameters but given %d",parameters.size(),args.size()));
        }
        var environment = new Env();
        environment.setGlobal(env);
        for(var idx= 0; idx < parameters.size(); idx++){
            environment.put(parameters.get(idx).getName(),
env.eval(args.get(idx)));
        }
        for(var expr: body.subList(0, body.size()-1)) {
            env.eval(expr);
        }
        return env.eval(body.get(body.size()-1));
    }
}
```

SISP 版本如下：

```
package sisp.ast

import sisp.ParserException

class Func(val args: Seq[Name], val body: Seq[Any], our:Env) extends
Recurable {
  override def invoke(env: Env, params: Seq[Any]): Try[Any] = {
    val environment = new Env
    val local = our.copy()
    local.global = Some(env)
    environment.global = Some(local)
    if(params.size != args.size) {
      return Failure(new ParserException(s"the function invoke need
    ${args.size} parameters bug given ${params.size}"))
    }
    args zip params foreach {pair =>
      val (name, parameter) = pair
      env.eval(parameter) foreach { value =>
        environment.put(name.name, value)
      }
    }
    for(expr <- body dropRight 1){
      environment.eval(expr)
    }
    environment.eval(body.last)
  }
}
```

除了用于封装参数的工具方法，它基本上就是调用格式检查和简单的执行过程。尾递归优化处理隔离在了上层。

需要注意的是，对实际参数的求值，要在调用函数的外部环境中进行，不能放到函数体内部。

然后是用于函数定义的 Fn 类型，JISP 的版本如下：

```
package sisp.ast

import sisp.ParserException

import scala.collection.mutable

class Fn extends Lambda{
  override def apply(env: Env, params: Seq[Any]): Either[Exception,
Any] = {
    if(!params.head.isInstanceOf[Expression]) {
      return Left(new ParserException(s"args list must be a list but
[${params.head}]"))
    }
    val parameters = params.head.asInstanceOf[Expression].elements
    for(p <- parameters){
      if(!p.isInstanceOf[Name]) {
        return Left(new ParserException(s"args list must all names
      but given $p"))
      }
    }
    Right(new Func(parameters.map(_.asInstanceOf[Name]),
  params.tail))
  }
}
```

SISP 版本如下：

```
package sisp.ast
```

```
import sisp.ParserException

import scala.collection.mutable
import scala.util.{Try, Success, Failure}

class Fn extends Lambda{
  override def apply(env: Env, params: Seq[Any]): Try[Any] = {
    if(!params.head.isInstanceOf[Expression]) {
      return Failure(new ParserException(s"args list must be a list
    but [${params.head}]"))
    }
    val parameters = params.head.asInstanceOf[Expression].elements
    for(p <- parameters){
      if(!p.isInstanceOf[Name]) {
        return Failure(new ParserException(s"args list must all
      names but given $p"))
      }
    }
    Success(new Func(parameters.map(_.asInstanceOf[Name]),
  params.tail))
  }
}
```

至此，我们就完成了可递归的函数功能。

9.3 静态绑定、动态绑定与闭包

有经验的读者可能会发现，如果函数体中有某个命名，在本地环境中求值时，如果没有找到，会递归向上求值，于是这个命名对应的值就变成了在调用时才能确定。

在调用时动态决定变量值的特性，我们称之为动态绑定。在函数/类型定义时就确定命名的值，称为静态绑定。动态绑定曾经是一个非常流行的特性，但是后来人们发现它带来了很多问题，主要是在编程时很难预料到它的行为。所以现代编程语言更愿意使用静态绑定。我在过去的解释器开发工作中，也写过静态绑定的逻辑，对 LISP 方言来说，这个功能还不算太难实现，简单地说，就是给 Func 添加一个局部的 Env 环境（Perl 程序员可能会联想到 our 关键字，Python 程序员可能会想到 local，是的，就是这一类作用域），然后在 Fn 的 apply 方法中，扫描函数体中的所有元素，收集其中的命名定义语句（对于我们的项目，就是 let 和 def），将它们定义的命名保存在一个集合中，同时将使用到的变量都识别出来。如果它们不在前面那个命名集合中，就递归向上查找（此时我们还在 Fn 对象的 apply 逻辑中），如果找到了，就保存在 Func 对象中，作为 Func 对象的局部 Env；如果没有找到，就返回错误，提示函数定义语句没有通过语法检查。在执行 Func 时，需要把局部环境串接在全局环境和 apply 的内部环境之间。这样我们就实现了闭包（closure）功能。

现代 LISP 语言（如 Clojure）的倾向是函数用静态绑定，宏使用动态绑定，并支持卫生宏定义。

为了实现静态绑定，我们先要修改 Env，给它添加一个 copy 方法，这样就可以在每次函数调用时构造一个新的"our"环境，让每次函数调用都有自己独立的本地作用域->闭包定义域->调用时外部环境的环境链条。

JISP 版本的 Env 修改如下：

```
package jisp.ast;

import jisp.ParserException;

import java.util.HashMap;
```

```java
import java.util.Map;

public class Env {
    public boolean existsOut(String name) {
        try {
            if (global == null) {
                return false;
            }
            global.get(name);
            return true;
        } catch (ParserException e) {
            return false;
        }
    }
    public boolean existsIn(String name) {
        return local.containsKey(name);
    }
    public boolean exists(String name) {
        return existsIn(name) || existsOut(name);
    }
    public Env copy() {
        Env result = new Env();
        result.local.putAll(this.local);
        return result;
    }
}
```

这里我还加入了几个工具函数，用于检查变量是否存在。

SISP 版本的修改如下：

```
package sisp.ast
```

```
import sisp.ParserException

import scala.collection.mutable
import scala.collection.mutable.HashMap;

class Env {
// ...
  def copy(): Env = {
    val re = new Env
    re.global = None
    re.local.addAll(this.local)
    re
  }
}
```

现在我们在 Fn 中加入静态绑定功能，JISP 版的 Fn 修改如下：

```
package jisp.ast;

import jisp.ParserException;

import java.util.ArrayList;
import java.util.List;

public class Fn implements Lambda {
    @Override
    public Object apply(Env env, List<Object> args) throws
ParserException {
        if (!(args.get(0) instanceof Expression)) {
            throw new ParserException(String.format("args list must
        be a list but [%s]", args.get(0)));
        }

        var parameters = ((Expression) args.get(0)).getElements();
```

```java
        List<Name> argNames = new ArrayList<>();
        for (var p : parameters) {
            if (!(p instanceof Name)) {
                throw new ParserException(String.format("args list
                must all names but given [%s]", p));
            }
            argNames.add((Name) p);
        }
        var body = args.subList(1, args.size());
        var our = scan(env, argNames, body);
        return new Func(argNames, body, our);
    }
    public Env scan(Env env, List<Name> args, List<Object> body)
throws ParserException {
        var local = new Env();
        var result = new Env();
        local.setGlobal(env);
        result.setGlobal(local);
        for (Name name : args) {
            local.put(name.getName(), name);
        }
        for (Object element : body) {
            if (element instanceof Name) {
                var name = ((Name) element).getName();
                if (result.exists(name)) {
                    if (!local.existsIn(name)) {
                        result.put(name, result.get(name));
                    }
                } else {
                    throw new ParserException(String.format("function
                    define failed, %s not found", name));
                }
            }
```

```java
            if (element instanceof Expression) {
                scanExpr(local, result, (Expression) element);
            }
        }
        result.setGlobal(null);
        return result;
    }
    public void scanExpr(Env our, Env env, Expression expr) throws
ParserException {
        var head = expr.getElements().get(0);
        if (head instanceof Name) {
            var name = ((Name) head).getName();
            Object action;
            try {
                action = env.get(name);
            } catch (ParserException e) {
                throw new ParserException(String.format("function
            define failed, %s not found", name));
            }
            if(action instanceof Let) {
                var vars = (Expression)expr.getElements().get(1);
                for (var idx = 0; idx<vars.getElements().size();
                idx+=2){
                    var varName = (Name) vars.getElements().get(idx);
                    our.put(varName.getName(), varName);
                }
            }
            if(action instanceof Def) {
                var varName = (Name) expr.getElements().get(1);
                our.put(varName.getName(), varName);
            }
        }
        for (var e: expr.getElements()) {
```

```java
        if (e instanceof Name) {
            var name = ((Name) e).getName();
            if (env.exists(name)) {
                if (!our.existsIn(name)) {
                    env.put(name, env.get(name));
                }
            } else {
                throw new ParserException(String.format("function
                define failed, %s not found", name));
            }
        }
        if(e instanceof Expression) {
            scanExpr(our, env, (Expression)e);
        }
    }
}
}
```

SISP 版的 Fn 修改如下：

```scala
package sisp.ast

import sisp.ParserException

import scala.util.{Failure, Success, Try}

class Fn extends Lambda {
  override def apply(env: Env, params: Seq[Any]): Try[Any] = {
    if (!params.head.isInstanceOf[Expression]) {
      return Failure(new ParserException(s"args list must be a list
    but [${params.head}]"))
    }
    val parameters = params.head.asInstanceOf[Expression].elements
```

```
      for (p <- parameters) {

        if (!p.isInstanceOf[Name]) {

          return Failure(new ParserException(s"args list must all
        names but given $p"))

        }

      }

    val args = parameters.map(_.asInstanceOf[Name])

    scan(env, args, params.tail) flatMap { env =>

      Success(new Func(args, params.tail, env))

    }

}

def scan(env: Env, params: Seq[Name],body: Seq[Any]): Try[Env] = {

  val book = new Env

  book.global = Some(env)

  params foreach { p => book.put(p.name, p) }

  val result = new Env

  result.global = Some(book)

  for (stat <- body) {

    stat match {

      case name: Name => result.get(name.name) match {

        case _: Failure[_] => return Failure(new
        ParserException(s"function define failed, ${name.name} not
        found"))

        case _: Success[_] if (book.findIn(name.name).isFailure) =>

          result.get(name.name) foreach {

            result.put(name.name, _)

          }

          stat

      }

      case expr: Expression => scanExpr(book,result,expr) match {

        case failure: Failure[_] => return failure

        case _ => stat

      }
```

```
        case _ => stat
      }
    }
    result.global = None
    Success(result)
}
def scanExpr(our: Env, env: Env, expr: Expression): Try[Env] = {
  expr.elements.head match {
    case name: Name if
    env.get(name.name).map(_.isInstanceOf[Let]).getOrElse(false) =>
      val vars = expr.elements(1).asInstanceOf[Expression]
      vars.elements.sliding(2, 2) foreach { pair =>
        val name = pair.head.asInstanceOf[Name]
        our.put(name.name, name)
      }
    case name: Name if
    env.get(name.name).map(_.isInstanceOf[Def]).getOrElse(false) =>
      val name = expr.elements(1).asInstanceOf[Name]
      our.put(name.name, name)
    case _ =>
  }
  for (name <-
expr.elements.filter(_.isInstanceOf[Name]).map(_.asInstanceOf[Name])){
    if (env.get(name.name).isFailure) {
      return Failure(new ParserException(s"function define failed,
    ${name.name} not found"))
    }
    if (our.findIn(name.name).isFailure) {
      env.get(name.name) foreach { value => env.put(name.name,
    value) }
    }
  }
  val check:Option[Try[Env]] =
expr.elements.filter(_.isInstanceOf[Expression])
```

```
    .map(e => scanExpr(our, env, e.asInstanceOf[Expression]))
    .collectFirst({ case failure: Failure[_] => failure })
  check.getOrElse(Success(env))
  }
}
```

修改后的代码看起来有些吓人，但其实并不复杂，无非是在 Fn 的 apply 调用时，构造一个用于注册内部定义变量的 Env 环境，再定义一个用于保存静态绑定的闭包变量的环境，将它们串接为：

闭包变量->函数运行时定义的变量->函数定义时的环境

遍历 ast，查找其中的变量定义语句，将对应的变量注册到中间的环境；并扫描所有发现的命名，如果它不在已经定义的变量中，但可以在外部环境中找到，就说明它是一个闭包变量，需要将它注册到闭包环境中。遇到既不在内部定义中也不在外部环境的命名，就抛出错误。对于扫描到的表达式，递归地执行这一过程。

JISP 版本的测试代码如下：

```
package jisp;

import jisp.ast.*;
import jisp.parsers.Parser;
import org.junit.Assert;
import org.junit.Test;

import java.io.EOFException;

public class FnTest {
    private final Env env;
    private final Parser parser = new Parser();
    public FnTest() {
        env = new Env();
```

```java
    env.put("def", new Def());

    env.put("if", new If());

    env.put("fn", new Fn());

    env.put("recur", new Recur());

    env.put("and", new And());

    env.put("or", new Or());

    env.put("==", new Eq());

    env.put("!=", new NotEq());

    env.put(">", new Great());

    env.put("<", new Less());

    env.put(">=", new GreatOrEquals());

    env.put("<=", new LessOrEquals());

    env.put("+", new Add());

    env.put("-", new Sub());

    env.put("*", new Product());

    env.put("/", new Divide());

}

@Test

public void testDefine() throws EOFException, ParserException {

    env.eval(parser.parse("(def add (fn (x y) (+ x y)))"));

    Assert.assertEquals(9.42, env.eval(parser.parse("(add 3.14
6.28)")));

}

@Test

public void testRecur() throws EOFException, ParserException {

    env.eval(parser.parse("(def increment (fn (x) (if (< x 10)
(recur (* 2 x)) x)))"));

    Assert.assertEquals(16.0, env.eval(parser.parse("(increment
2)")));

}

@Test

public void testStatic() throws EOFException, ParserException {

    env.eval(parser.parse("(def add (fn (x y) (+ x y)))"));
```

```
        env.eval(parser.parse("(def step6 (fn (x) (if (< x 10)
    (recur (add 6 x)) x)))"));
        Assert.assertEquals(14.0, env.eval(parser.parse("(step6
    2)")));
    }
}
```

SISP 版本的测试代码如下：

```scala
import org.scalatest.flatspec.AnyFlatSpec

import org.scalatest.matchers.should.Matchers

import sisp.Sisp

import sisp.ast.{Add, And, Def, Divide, Env, Eq, Fn, Great,
GreatOrEquals, If, IsFalse, IsTrue, Less, LessOrEquals, Or, Recur,
Sub}

import sisp.parsers.Parser

import scala.util

import scala.util.Success

class FnSpec extends AnyFlatSpec with Matchers {
  val sisp: Sisp = new Sisp
  "Fn" should "define a function" in {
    sisp parse "(def add (fn (x y) (+ x y)))" should matchPattern
{case Success(_) =>}
    sisp parse "(add 3.14 3.14)" should be (Success(6.28))
    sisp parse "(add 2 3)" should be (Success(5))
    sisp parse "(add 3 2)" should be (Success(5))
  }
  "Recur" should "define a recursive function" in {
    sisp parse "(def increment (fn (x) (if (< x 10) (recur (* 2 x))
x)))" should matchPattern {case Success(_) =>}
    sisp parse "(increment 2)" should be (Success(16))
  }
```

```
"Static Bind" should "success only run preview spec before " in {

  if(sisp.get("add").isFailure) {

    sisp parse "(def add (fn (x y) (+ x y)))" should matchPattern
  { case Success(_) => }

  }

  sisp parse "(def step6 (fn (x) (if (< x 10) (recur (add 6 x))
x)))" should matchPattern {case Success(_) =>}

  sisp parse "(step6 2)" should be (Success(14))

}

}
```

第 10 章

List 和 Quote

本章实现 LISP 中非常基本的功能——Quote 和 List 字面量。这两个功能是相关的。

所谓 Quote 是指用一个单引号开头的代码——注意这里并不以单引号结尾。LISP 对这种形式不求值，直接保存其表达式。如果 Quote 引用的是一个前缀表达式，LISP 会直接将其当做 List。

List 是很多编程语言的标准数据结构，它对于 LISP 有特殊的意义。LISP 就是 LISt Processor 的缩写。在 LISP 里，下面两行代码是等效的：

```
`(1 2 3)
(list 1 2 3)
```

在语言层面，LISP 的基本容器结构是一种二元数据对 `(x . y)`，取这个数据结构的左元素和右元素的操作分别是 car 和 cdr，这两个操作在早年的 LISP Machine 中甚至是硬件指令。但是我们的项目没有必要从底层去重新实现，有兴趣的读者可以自行尝试。

我们可以将 List 实现为未求值的前缀表达式，这样就与 Quote 的行为一致了，然后对前缀表达式提供列表常用的 first、last、rest、get 等操作即可。

10.1 Quote

下面我们先实现 Quote。注意 Quote 可以对任意内容起作用，好在我们的项目做此扩展并不复杂。

首先我们实现 ast 层面的 Quote 类型，JISP 版本如下：

```java
package jisp.ast;

import jisp.ParserException;

public class Quote implements Element {
    private final Object value;
    public Quote(Object value) {
        this.value = value;
    }
    public Object getValue() {
        return value;
```

```
    }
    @Override
    public Object eval(Env env) throws ParserException {
        return value;
    }
}
```

SISP 版本如下：

```
package sisp.ast

class Quote(val value: Any) extends Element {
  override def eval(env: Env): Try[Any] = Success(value)
}
```

JISP 版本的 QuoteParser 如下：

```
package jisp.parsers;

import jaskell.parsec.ParsecException;
import jaskell.parsec.common.Parsec;
import jaskell.parsec.common.State;
import jisp.ast.Quote;

import java.io.EOFException;

import static jaskell.parsec.common.Atom.pack;
import static jaskell.parsec.common.Txt.ch;
public class QuoteParser implements Parsec<Object, Character> {
    @Override
```

```
    public Object parse(State<Character> s) throws EOFException,
ParsecException {

        var parser = new Parser();

        var psc = ch('\'').then(parser).bind(value -> pack(new
        Quote(value)));

        return psc.parse(s);

    }

}
```

SISP 版本的 QuoteParser 如下：

```
package sisp.parsers

import jaskell.parsec.{Parsec, State}

import jaskell.parsec.Atom.pack

import jaskell.parsec.Txt.ch

import sisp.ast.Quote

class QuoteParser extends Parsec[Char, Any]{

  import jaskell.parsec.Txt.{ch}

  import jaskell.parsec.parsecConfig

  lazy val parser = new Parser

  lazy val psc = ch('\'') *> parser >>= {value => pack(new
Quote(value))}

  override def apply(s: State[Char]): Try[Any] = psc ? s

}
```

接下来我们用测试代码演示 Quote 在逐次求值的过程中其引用值的变化，JISP
版本如下：

```
package jisp;

import jisp.ast.Expression;
import jisp.ast.NumberElement;
import jisp.ast.Quote;
import org.junit.Assert;
import org.junit.Test;

import java.io.EOFException;

public class QuoteTest {
    private final Jisp jisp = new Jisp();
    @Test
    public void testQuote() throws EOFException, ParserException {
        Assert.assertTrue(jisp.read("'(+ 2 3)") instanceof Quote);
        Assert.assertTrue(jisp.parse("'(+ 2 3)") instanceof
Expression);
        Assert.assertEquals(5.0, jisp.eval(jisp.parse("'(+ 2 3)")));
        Assert.assertTrue(jisp.read("'3.14") instanceof Quote);
        Assert.assertTrue(jisp.parse("'3.14") instanceof
NumberElement);
        Assert.assertEquals(3.14, jisp.eval(jisp.parse("'3.14")));
    }
}
```

SISP 版本如下:

```
import org.scalatest.flatspec.AnyFlatSpec
import org.scalatest.matchers.should.Matchers
import org.scalatest.TryValues._
import sisp.Sisp
import sisp.ast.{Expression, NumberElement, Quote}

import scala.util.Success
```

```
class QuoteSpec extends AnyFlatSpec with Matchers {
  val sisp = new Sisp
  "Quote" should "quote anything" in {
    sisp.read("'(+ 2 3)").success.value.isInstanceOf[Quote] shouldBe
true
    sisp.parse("'(+ 2 3)").success.value.isInstanceOf[Expression]
shouldBe true
    sisp.parse("'(+ 2 3)") flatMap sisp.eval should matchPattern
{ case _ : Success[_] => }
    sisp.parse("'3.14").success.value shouldBe NumberElement(3.14)
  }
}
```

下面这个测试展示了 Quote 的一个非常有趣的现象。JISP 版本如下：

```
package jisp;

import jisp.ast.Expression;
import jisp.ast.NumberElement;
import jisp.ast.Quote;
import org.junit.Assert;
import org.junit.Test;

import java.io.EOFException;

public class QuoteTest {
    private final Jisp jisp = new Jisp();
    @Test
    public void testQuote() throws EOFException, ParserException {
        Assert.assertTrue(jisp.read("'(+ 2 3)") instanceof Quote);
        Assert.assertTrue(jisp.parse("'(+ 2 3)") instanceof
    Expression);

        Assert.assertEquals(5.0, jisp.eval(jisp.parse("'(+ 2 3)")));
```

```
        Assert.assertTrue(jisp.read("'3.14") instanceof Quote);
        Assert.assertTrue(jisp.parse("'3.14") instanceof
    NumberElement);
        Assert.assertEquals(3.14, jisp.eval(jisp.parse("'3.14")));
    }
}
```

SISP 版本如下:

```
import org.scalatest.flatspec.AnyFlatSpec
import org.scalatest.matchers.should.Matchers
import org.scalatest.TryValues._
import sisp.Sisp
import sisp.ast.{Expression, NumberElement, Quote}

import scala.util.Success

class QuoteSpec extends AnyFlatSpec with Matchers {
  val sisp = new Sisp
  "Quote" should "quote anything" in {
    sisp.read("'(+ 2 3)").success.value.isInstanceOf[Quote] shouldBe
  true
    sisp.parse("'(+ 2 3)").success.value.isInstanceOf[Expression]
  shouldBe true
    (sisp.parse("'(+ 2 3)") flatMap sisp.eval).success.value
  shouldBe 5.0
    sisp.parse("'3.14").success.value shouldBe NumberElement(3.14)
  }
}
```

我们可以看到，经过解析的 Quote 代码会成为一个 Quote 对象，而 Quote 对象由解释器环境 eval 求值，变成它引用的内容。注意此时内容还没有求值。我们可以将 Quote 或者它的解析结果保存、传递。这是 LISP 非常重要和有用的特性——代码即数据结构。当然，这种特性体现在方方面面，不仅仅是 Quote。例如，我们可以构建一个 expression 对象，对其 eval 求值。从 LISP 的视角看，我们会发现这个表达式，哪怕是很复杂的树状结构，也可以很容易地作为 LISP 代码理解。

实际上，对于嵌入式的 LISP 解释器，手工构造表达式对象进行传递和求值，是非常重要的特性。它既是宿主语言和解释器的桥梁，也是很便利的动态编程途径。习惯了这种思考方式，你就"几乎"掌握了 LISP 著名的宏编程。

10.2 宏和宏编程

宏（macro）是一类特定的代码，它们不在程序运行时调用，而是在程序加载时预先执行。通常我们会用宏输出新的代码，供程序运行时使用。我自己就写过一些宏，包括二阶生成宏，用于封装 Java 的各种 Functor 对象，以及 Akka 框架的一些定式。宏可以解决一些用函数无法解决的问题，特别是一些固定形式的程序代码封装。下面这个例子来自我的 akka-clojure 项目，用来实现以 Clojure 的 multfn 形式编写 Scala 的 partial function 对象：

```
(defmacro scala-partial
  "Creates a new \"anonymous\" scala partial function with the
associated dispatch function.
  The docstring is optional.
  like fn, you can assign a name for this partial method, it will
pass into MultiPartialFunctionconstruction function.
  Options are key-value pairs and may be one of:
  :default

  The default dispatch value, defaults to :default
  :hierarchy
```

The value used for hierarchical dispatch (e.g. ::square is-a ::shape)

Hierarchies are type-like relationships that do not depend upon type inheritance. By default Clojure's multimethods dispatch off of a global hierarchy map. However, a hierarchy relationship can be created with the derive function used to augment the root ancestor created with make-hierarchy.

Multimethods expect the value of the hierarchy option to be supplied as a reference type e.g. a var (i.e. via the Var-quote dispatch macro #' or the var special form)."

```
{:arglists '([name? dispatch-fn & options])
 :forms    '[(multi name? dispach-fn & options)]
 :added    "1.0"}
[& sigs]
(let [multi-name (if (symbol? (first sigs))
                   (first sigs)
                   nil)
      sigs (if multi-name (next sigs) sigs)
      dispatch-fn (first sigs)
      options (next sigs)]
  (let [options (apply hash-map options)
        default (get options :default :default)
        hierarchy (get options :hierarchy #'default-hierarchy)]
    (let [n (if multi-name
              (name multi-name)
              "muliti*")]
      `(new liu.mars.MultiPartialFunction ~n ~dispatch-fn ~default ~hierarchy)))))
(defmacro partial-method
  "Creates and installs a new method of scala partial function object associated with dispatch-value. "
  {:added "0.2.0"}
  [partial-obj dispatch-val & fn-tail]
  `(. ~(with-meta partial-obj {:tag 'liu.mars.MultiPartialFunction})
      addMethod ~dispatch-val (fn ~@fn-tail)))
```

这里仅仅截取了源码的一部分，只是为了展示宏的阅读难度，读者不必深究其含义。为了实现这个功能，我不得不从 Clojure 的实现代码中寻找解决方案，还在这部分代码中写了很多注释，以确保将来我还能读懂它。宏能解决一些常规手段无法优雅地解决的问题，但是如大家所见，它的编写和维护难度也非常的高。

即使对资深的 LISP 专家来说，编写宏也是一个心智负担极高的工作。尽管主流的 LISP 方言都提供了一些语法糖，简化宏的编写过程，但仍然要同时思考和分辨宏的输出结果和这些代码的构造过程。编写、阅读和维护这些代码都非常辛苦。

相比之下，在解释器之外，用宿主语言的代码构造 LISP 程序，手工决定具体元素的求值时机，在功能上与宏并无区别，但是两种风格迥异的语言，有明确的执行边界，它们经常会是"更好"的宏。

本书不打算刻意实现宏，如果读者有兴趣，可以自行尝试。参考 Clojure 的宏、宏模板、"卫生"处理后，相信读者也可以实现功能完整的宏。回顾前面的章节，读者也许会发现我们一直在用 Java/Scala 语言编写宏。

10.3 LIST

List 函数并不复杂，但对于 LISP 是非常重要的功能，常用于宏定义。本书不涉及宏，所以 List 可以简单地参考 Quote 的实现，返回一个 Quote 的前缀表达式。区别仅在于，Quote 是直接引用 ast，而 List 是个函数调用，应该对参数求值。

JISP 版本的 List 如下：

```
package jisp.ast;
```

```
import jisp.ParserException;
import java.util.ArrayList;
import java.util.List;

public class ListExpr implements Lambda {
    @Override
    public Object apply(Env env, List<Object> args) throws
ParserException {
        List<Object> values = new ArrayList<>();
        for(Object arg: args){
            values.add(env.eval(arg));
        }
        return new Quote(values);
    }
}
```

SISP 版本如下：

```
package sisp.ast
import scala.util.{Try, Success, Failure}

class ListExpr extends Lambda {
  override def apply(env: Env, params: Seq[Any]): Try[Any] = {
    sequenceU(params map env.eval) map
      {values => new Quote(new Expression(values))}
  }
}
```

当然，这只是最简单的实现，并不严谨。

10.4 工具函数

本节讨论几个常用于 List 的工具函数，包括 first、last、rest 和 get。因为接下来的工具都要判断元素是否能当作 List 处理，并且要提取出 List 结构，所以我们在 Lambda 中统一加上两个工具函数，JISP 版本如下：

```
default boolean isList(Object element) {
    return (element instanceof List) || ((element instanceof Quote)
&& ((Quote) element).getValue() instanceof Expression);
}
default List<Object> elements(Object value) throws ParserException {
    if(value instanceof List) {
        return ((List)value);
    }
    if(value instanceof Quote && (((Quote) value).getValue())
instanceof Expression) {
        return ((Expression)((Quote)value).getValue()).getElements();
    }
    throw new ParserException(String.format("%s is't a list",
value));
}
```

SISP 版本如下：

```
import scala.jdk.javaapi.CollectionConverters
import scala.util.{Try, Success, Failure}

def isList(obj: Any): Boolean = {
  obj.isInstanceOf[Seq[_]] || obj.isInstanceOf[List[_]] ||
(obj.isInstanceOf[Quote] &&
obj.asInstanceOf[Quote].value.isInstanceOf[Expression])
}
```

```scala
def elements(obj: Any): Try[Seq[Any]] = obj match {
  case seq: Seq[_] => Success(seq.asInstanceOf)
  case list: java.util.List[_] =>
Success(CollectionConverters.asScala(list).toSeq)
  case quote: Quote if quote.value.isInstanceOf[Expression] =>
Success(quote.value.asInstanceOf[Expression].elements)
  case _ => Failure(new ParserException(s"$obj is't a valid list"))
}
```

如前所述，在 LISP 中我们采用一致的方式处理 Quote 引用的前缀表达式和 List，这里我们也希望这个解释器也可以用一致的方式处理宿主语言的 List，于是我们为它也加入从宿主语言的线性列表构造 Quote 的工具方法。JISP 版本需要处理 Java 的 List，而 SISP 版本应该能处理 Java 的 List 和 Scala 的 Seq。

为了同样的目的，我们给 Quote 增加一个工具函数，让它可以从宿主语言的列表构造 LISP 语境的 Quote，也就是 List。JISP 版本是一个静态方法：

```java
public static Quote fromList(List<Object> elements) {
    return new Quote(new Expression(elements));
}
```

SISP 的版本是一个对象方法：

```scala
object Quote {
  def fromSeq(seq: Seq[_]): Quote = {
    new Quote(new Expression(seq))
  }
}
```

10.4.1 First

First 取 List 的第一个元素，如果 List 为空，则返回空值。

JISP 的版本如下：

```java
public class First implements Lambda {
    @Override
    public Object apply(Env env, List<Object> args) throws
ParserException {
        if (args.size() != 1) {

            throw new ParserException(String.format("head function
only accept one parameter but [%s]", args));

        }

        var param = env.eval(args.get(0));

        if (!isList(param)) {

            throw new ParserException(String.format("(head %s)
unsupported", param));

        }

        var elems = elements(param);

        if (elems.size() > 0) {

            return elems.get(0);

        } else {

            return null;

        }

    }

}
```

SISP 的版本:

```scala
package sisp.ast

import java.util

import sisp.ParserException
import scala.util.{Try, Success, Failure}
class First extends Lambda {
  override def apply(env: Env, params: Seq[Any]): Try[Any] = {
    if (params.size != 1) {
      return Failure(new ParserException(s"first function should
    accept only one parameter, but $params given"))
    }
    env.eval(params.head) flatMap { param =>
      if (!isList(param)) {
        return Failure(new ParserException(s"first function require
      one list, but $param given"))
      }
      elements(param) flatMap  { seq =>
        if (seq.isEmpty) {
          return Success(null)
        }
        return Success(seq.head)
      }
    }
  }
}
```

　　除了前缀表达式形式的列表，也支持操作宿主语言的列表。我们没有追求完整覆盖，主要是演示一下思路。如果读者想在自己的项目中使用 JISP/SISP，需要做一些相应的扩展。这个函数其实对应的是 car 指令。

10.4.2 Last

Last 取序列的最后一个元素，如果序列为空，则返回 Nil。

JISP 版本如下：

```
package jisp.ast;

import jisp.ParserException;

import java.util.List;

public class Last implements Lambda {
    @Override
    public Object apply(Env env, List<Object> args) throws
ParserException {
        if (args.size() != 1) {
            throw new ParserException(String.format("head function
only accept one parameter but [%s]", args));
        }
        var param = env.eval(args.get(0));
        if (!isList(param)) {
            throw new ParserException(String.format("(head %s
unsupported", param));
        }
        var elems = elements(param);
        if (elems.size() > 0) {
            return elems.get(elems.size() - 1);
        } else {
            return null;
        }
    }
}
```

SISP 版本如下：

```
package sisp.ast

import sisp.ParserException
import scala.util.{Try, Success, Failure}

class Last extends Lambda {
  override def apply(env: Env, params: Seq[Any]): Try[Any] = {
    if (params.size != 1) {
      return Left(new ParserException(s"last function should accept
      only one parameter, but $params given"))
    }
    env eval params.head flatMap { param =>
      if(!isList(param)) {
        return Failure(new ParserException(s"last function require
       one list, but $param given"))
      }
      elements(param) flatMap { seq =>
        if(seq.isEmpty) {
          return Success(null)
        }
        return Success(seq.last)
      }
    }
  }
}
```

虽然看起来取第一个元素和取最后一个元素是很自然的一对，但是 LISP 指令 cdr 对应的不是 last，而是下面要介绍的 rest。

10.4.3 Rest

Clojure 里的 rest 返回序列中第一个元素以外的部分，如果序列本身为空，则返回空。这是一个非常有用的函数，它的实现并不难。JISP 版本如下：

```java
package jisp.ast;

import jisp.ParserException;

import java.util.ArrayList;
import java.util.List;

public class Rest implements Lambda {
    @Override
    public Object apply(Env env, List<Object> args) throws
ParserException {
        if (args.size() != 1) {
            throw new ParserException(String.format("head function
only accept one parameter but [%s]", args));
        }
        var param = env.eval(args.get(0));
        if(!isList(param)){
            throw new ParserException(String.format("(head %s
unsupported", param));
        }
        var elems = elements(param);
        if (elems.size() > 0) {
            return Quote.fromList(elems.subList(1, elems.size()));
        } else {
            return Quote.fromList(new ArrayList<>());
        }
    }
}
```

SISP 版本如下：

```
package sisp.ast

import sisp.ParserException
import scala.util.{Try, Success, Failure}

class Rest extends Lambda {
  override def apply(env: Env, params: Seq[Any]): Try[Any] = {
    if (params.size != 1) {
      return Failure(new ParserException(s"rest function should
      accept only one parameter, but $params given"))
    }
    env.eval(params.head) flatMap { param =>
      if(!isList(param)){
        return Failure(new ParserException(s"rest function require
        one list, but $param given"))
      }
      elements(param) flatMap { seq =>
        return Success(Quote.fromSeq(seq))
      }
    }
  }
}
```

rest 也常以 tail 这个名字出现在一些 LISP 方言或支持函数式编程风格的主流编程语言中。

10.4.4　Get

　　Get 的情况有点儿复杂，从功能设计上说，Clojure 的(get coll key)应该可以尽可能自动根据 key 取值，对于 List 应该是按索引取值，但在实践上，Clojure 不允许我们对 List 做 get 操作，因为这样做效率不佳。Clojure 只允许对"可以随机访问"的容器做 get 操作。我们的项目为了简化逻辑，忽略这个限制，任何我们可以识别的类型，都尽可能地提供操作，同时，我们也提供可选的默认值，如果 get 取不到值，就返回默认值。加上对宿主数据类型的支持，JISP 版本实现如下：

```java
package jisp.ast;
import jisp.ParserException;
import java.util.List;
import java.util.Map;
public class Get implements Lambda {
    @Override
    public Object apply(Env env, List<Object> args) throws
ParserException {
        if (args.size() < 2 || args.size() > 3) {
            throw new ParserException(String.format("get require 2
or 3 parameters but [%s]", args));
        }
        if (args.size() != 1) {
            throw new ParserException(String.format("head function
only accept one parameter but [%s]", args));
        }
        var param = env.eval(args.get(0));
        var key = env.eval(args.get(1));
        if (param instanceof Expression && key instanceof Integer) {
            var elems = ((Expression) param).getElements();
            var idx = (Integer) key;
            if (elems.size() > idx) {
                return elems.get(idx);
```

```
                } else {
                    return null;
                }
            }
        if (param instanceof List && key instanceof Integer) {
            var elems = (List) param;
            var idx = (Integer) key;
            if (elems.size() > idx) {
                return elems.get(idx);
            } else {
                return null;
            }
        }
        if (param instanceof Map) {
            var map = (Map) param;
            if(map.containsKey(key)) {
                return map.get(key);
            } else {
                return defaultValue(env, args);
            }
        }
        throw new ParserException(String.format("(head %s)
    unsupported", param));
    }
    public Object defaultValue(Env env, List<Object> args) throws
ParserException {
        if (args.size() == 2) {
            return null;
        }
        return env.eval(args.get(2));
    }
}
```

SISP 版本如下：

```
package sisp.ast

import sisp.ParserException
import scala.util.{Try, Success, Failure}

class Get extends Lambda {
  override def apply(env: Env, params: Seq[Any]): Try[Any] = {
    if ((params.size) < 2 || (params.size > 3)) {
      return Left(new ParserException(s"get require 2 or 3 params
but [$params]"))
    }
    val default: () => Try[Any] = { () =>
      if (params.size == 3) {
        env.eval(params)
      } else {
        Success(Nil)
      }
    }
    val expr = for {
      coll <- elements(env.eval(params.head))
      key <- env.eval(params(1))
    } yield {
      (coll, key)
    }
    expr flatMap {
      case (expr: Expression, idx: Int) => if (expr.elements.size >
idx) Right(expr.elements(idx)) else default()
      case (seq: Seq[_], idx: Int) => if (seq.nonEmpty)
Right(seq(idx)) else default()
      case (map: Map[_, _], key) => if (map contains
key.asInstanceOf) Success(map.get(key.asInstanceOf)) else
default()
```

```
        case (map: java.util.Map[_, _], key) => if (map containsKey
    key) Success(map.get(key)) else default()
        case _ => Failure(new ParserException(s"(head ${params.head})
    unsupport"))
        }
    }
}
```

然后我们将这些函数注册到 JISP/SISP 对象中。修改后的 JISP 版本如下：

```
package jisp;

import jisp.ast.*;
import jisp.parsers.Parser;

import java.io.EOFException;

public class Jisp extends Env {
    private final Parser parser = new Parser();
    public Jisp() {
        this.put("def", new Def());
        this.put("if", new If());
        this.put("fn", new Fn());
        this.put("recur", new Recur());
        this.put("and", new And());
        this.put("or", new Or());
        this.put("==", new Eq());
        this.put("!=", new NotEq());
        this.put(">", new Great());
        this.put("<", new Less());
        this.put(">=", new GreatOrEquals());
        this.put("<=", new LessOrEquals());
        this.put("+", new Add());
```

```
        this.put("-", new Sub());

        this.put("*", new Product());

        this.put("/", new Divide());

        this.put("list", new ListExpr());

        this.put("first", new First());

        this.put("last", new Last());

        this.put("rest", new Rest());

    }

    public Parser getParser() {

        return parser;

    }

    public Object read(String source) throws EOFException {

        return parser.parse(source);

    }

    public Object parse(String source) throws EOFException,
ParserException {

        Object element = read(source);

        return this.eval(element);

    }

}
```

SISP 版本如下：

```
package sisp

import sisp.ast.{Add, Def, Divide, Element, Env, Eq, First, Fn,
Great, GreatOrEquals, If, IsFalse, IsTrue, Last, Less, LessOrEquals,
ListExpr, Recur, Rest, Sub}

import sisp.parsers.Parser

class Sisp extends Env{

  import jaskell.parsec.Txt._

  val parser = new Parser
```

```scala
      this.put("def", new Def)
      this.put("if", new If)
      this.put("fn", new Fn)
      this.put("recur", new Recur)
      this.put("+", new Add)
      this.put("-", new Sub)
      this.put("*", new sisp.ast.Product)
      this.put("/", new Divide)
      this.put("true?", new IsTrue)
      this.put("false?", new IsFalse)
      this.put("and", new IsTrue)
      this.put("or", new IsFalse)
      this.put("==", new Eq)
      this.put("!=", new Eq)
      this.put(">", new Great)
      this.put("<", new Less)
      this.put(">=", new GreatOrEquals)
      this.put("<=", new LessOrEquals)
      this.put("list", new ListExpr)
      this.put("first", new First)
      this.put("last", new Last)
      this.put("rest", new Rest)
      def parse(source:String): Either[Exception, Any]  = {
        read(source) flatMap eval
      }
      def read(source: String): Either[Exception, Any] = {
        parser ask source
      }
  }
```

Clojure 作为实用语言，提供了对字典、集合等数据结构的字面量支持，这些功能类似于 Quote，我们的项目稍加扩展即可实现，有兴趣的读者可以自己练习。

另外一个可作为练习的功能是 Clojure 的 get-in，这个函数提供了对复杂多层嵌套数据结构沿路径访问的能力。如今，应用领域大量使用 JSON 这样的数据类型传递信息，所以这个功能非常实用。如果读者想做一个实用版本的 JISP/SISP，那么这个功能非常值得一试。它实现起来并不困难，但是要周全考虑各种运行时的类型判断。

对应 get 和 get-in，Clojure 提供了两个"修改"数据结构的函数：update 和 update-in。它们也是非常值得关注和了解的工具。实际上，它们并不修改传入的数据结构，而是根据改写规则生成一个新的结构。这是函数式编程推荐的风格。

10.4.5 Cons

cons 将一个元素添加到列表的最前面。之前说过，LISP 的 List 在逻辑层面其实是递归的元素对，所以将元素 x 添加到序列 seq 最左边其实是递归的生成了一个新的元素对(x . seq)，这是一个非常自然的规则。下面是 JISP 版本的实现：

```
package jisp.ast;

import jisp.ParserException;

import java.util.ArrayList;
import java.util.List;

public class Cons implements Lambda {
    @Override
    public Object apply(Env env, List<Object> args) throws
ParserException {
        if (args.size() != 2) {
```

```
            throw new ParserException(String.format("expect (cons x
    seq) but get (cons %s)", args));
        }
        var seq = env.eval(args.get(1));
        if (!isList(seq)) {
            throw new ParserException(String.format("expect (cons x
    seq) but get (cons %s)", args));
        }
        var list = new ArrayList<>();
        list.add(env.eval(args.get(0)));
        list.addAll(elements(seq));
        return Quote.fromList(list);
    }
}
```

SISP 版本如下：

```
package sisp.ast

import sisp.ParserException

class Cons extends Lambda {
  override def apply(env: Env, params: Seq[Any]): Try[Any] = {
    if (params.size != 2) {
      return Failure(new ParserException(s"cons's formal (cons x
    seq) but get (cons $params)"))
    }
    env.eval(params(1)).flatMap { seq =>
      if(!isList(seq)) {
        return Failure(new ParserException(s"cons's formal (cons x
    seq) but get (cons $seq)"))
      }
      for {
        value <- env eval params.head
```

```
      values <- elements(seq)
    } yield Quote.fromSeq(Seq(value) ++ values.asInstanceOf)
  }
 }
}
```

10.4.6 Conj

conj 有点儿微妙，对于 LISP 的理论模型来说，在 LIST 结尾添加元素是一个代价颇高的行为，而这对普通编程语言来说是很简单的操作。我刚开始学习 Clojure 时，惊讶地发现 Clojure 对于 vector（类似 ArrayList）和 List（即 LISP 的 List）的 conj 实现是相反的（如图 10.1 所示）。

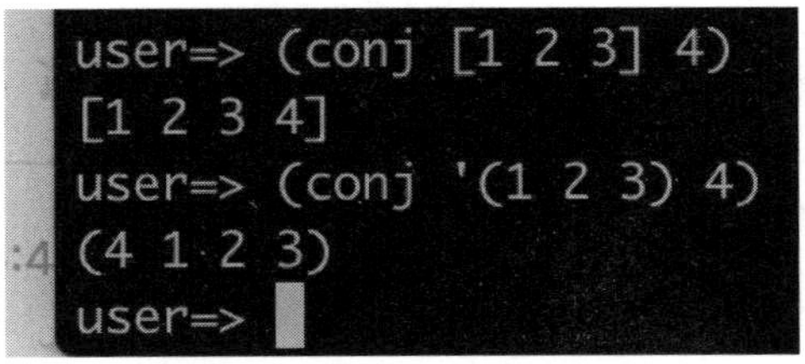

图 10.1 Clojure 的两种 conj 实现

这个古怪的行为在真正的 LISP 模型中是完全可以理解的，因为 List 的内存模型非常特殊，它其实是递归的 cons 结构。但是我们并不打算实现一个那么复杂的 LISP，只需要使各种容器保持一致即可。JISP 版本如下：

```
package jisp.ast;

import jisp.ParserException;

import java.util.ArrayList;
import java.util.List;
```

```
public class Conj implements Lambda {

    @Override

    public Object apply(Env env, List<Object> args) throws
ParserException {

        if (args.size() != 2) {

            throw new ParserException(String.format("expect (conj
        seq x) but get %s", args));

        }

        var seq = env.eval(args.get(0));

        if (!isList(seq)) {

            throw new ParserException(String.format("expect (conj
        seq x) but get %s", args));

        }

        var list = new ArrayList<>(elements(seq));

        list.add(env.eval(args.get(1)));

        return Quote.fromList(list);

    }

}
```

SISP 版本如下：

```
package sisp.ast

import sisp.ParserException

class Conj extends Lambda {
  override def apply(env: Env, params: Seq[Any]): Try[Any] = {
    if (params.size != 2) {
      return Failure(new ParserException(s"conj's formal (conj seq
    x) but get (conj $params)"))
    }
    env.eval(params.head) flatMap { seq =>
      if (!isList(seq)) {
```

```
        return Failure(new ParserException(s"conj's formal (conj seq
    x) but get (conj $seq)"))
    }
    for {
      values <- elements(params.head)
      value <- env eval params(1)
    } yield {
      Quote.fromSeq(values.asInstanceOf[Seq[Any]].appended(value))
    }
  }
 }
}
```

第 11 章

内置函数和
解释器模块

经过前面的开发过程，大家也许对测试代码中冗长的准备工作有所察觉了。这里面大量的代码都是重复的，我们总是构造一个 Parser、一个 Env，并把常用的功能添加到 Env 中。

简化起来并不难，我们将基本的 LISP 元素和解释文本计算出 AST 或结果的功能，以及 Env 既有的功能，都打包进一个新的类型。这个类型自身是一个顶层的

Env，也携带了预置函数，它就成为了我们在项目中使用这个嵌入式解释器的功能入口，在 JISP 中，我们就称之为 jisp：

```java
package jisp;

import jisp.ast.*;
import jisp.parsers.Parser;

import java.io.EOFException;

public class Jisp extends Env {
    private final Parser parser = new Parser();
    public Jisp() {
        this.put("def", new Def());
        this.put("if", new If());
        this.put("fn", new Fn());
        this.put("recur", new Recur());
        this.put("and", new And());
        this.put("or", new Or());
        this.put("==", new Eq());
        this.put("!=", new NotEq());
        this.put(">", new Great());
        this.put("<", new Less());
        this.put(">=", new GreatOrEquals());
        this.put("<=", new LessOrEquals());
        this.put("+", new Add());
        this.put("-", new Sub());
        this.put("*", new Product());
        this.put("/", new Divide());
```

```
    }

    public Parser getParser() {

        return parser;

    }

    public Object read(String source) throws EOFException {

        return parser.parse(source);

    }

    public Object parse(String source) throws EOFException,
ParserException {

        Object element = read(source);

        return this.eval(element);

    }

}
```

在 SISP 中，我们就称之为 sisp：

```
package sisp

import sisp.ast.{Add, Def, Divide, Element, Env, Eq, Fn, Great,
GreatOrEquals, If, IsFalse, IsTrue, Less, LessOrEquals, Recur, Sub}
import sisp.parsers.Parser

class Sisp extends Env{
  import jaskell.parsec.Txt._
  val parser = new Parser
  this.put("def", new Def)
  this.put("if", new If)
  this.put("fn", new Fn)
  this.put("recur", new Recur)
  this.put("+", new Add)
  this.put("-", new Sub)
  this.put("*", new sisp.ast.Product)
  this.put("/", new Divide)
```

```scala
    this.put("true?", new IsTrue)
    this.put("false?", new IsFalse)
    this.put("and", new IsTrue)
    this.put("or", new IsFalse)
    this.put("==", new Eq)
    this.put("!=", new Eq)
    this.put(">", new Great)
    this.put("<", new Less)
    this.put(">=", new GreatOrEquals)
    this.put("<=", new LessOrEquals)
    def parse(source:String): Either[Exception, Any]  = {
      read(source) flatMap eval
    }
    def read(source: String): Either[Exception, Any] = {
      parser ask source
    }
}
```

读者对这种内置工具的概念应该不陌生。Env 可以层叠使用，在每一个 Env 中都预置这些功能显然有问题，所以我们需要这个特殊的顶级模块，在其上添加工具函数也就是很自然的设计了。这里我们将 parse 方法实现为直接求值，将 read 方法实现为仅构造语法树，而不求值。

现在，读者可以尝试将单元测试中的初始化代码修改为使用 jisp/sisp 对象，看上去一定会清爽很多。

有了可以多层堆叠的 Env，实现模块化也就很容易了。如果我们直接执行一段定义函数和变量的文本，就相当于在当前的 Env 中加载代码内容；如果定义一个 load 函数，使之可以从文件中读取并执行，就是常见的加载功能；如果再定义一个 require 功能，使其可以将文件加载为一个独立的 env，并挂载到当前环境下，这就是 Clojure 中的 require 关键字实现的功能。当然，这要求我们提供相应的通过路径检索的功能和求值命名的功能。

第 12 章

Parsec 的原理和组成

逐一介绍 Parsec 的所有组件太占篇幅，这里我们选取一些典型的组件做介绍，完整的组件文档通过项目库的 Wiki 提供。

12.1 状态管理

理想状态下，组合子库的使用者应该不太需要关注状态对象的存在。但是对于组合子开发人员，还是要关注这个概念。

状态参数对于 Parsec 是非常重要的东西，它管理信息串的可回溯状态。在 Haskell 中，state 被封装成了一个自然到难以察觉的东西。理论上说，基于后面关于 typeclass 的内容，我可以实现一个隐式的状态机制。但是一个可以回溯的额外包装其实是必须存在的，回溯能力不是流式类型的自然能力，特别是对于最重要的文本解析，我们还经常要提供错误发生时的环境信息（例如行号、列号、出错位置邻近的内容）等，这都需要额外的封装。并且要将这些状态在算子间传递，所以我考虑再三，干脆让它暴露出来，变成必须要明确使用的变量。

基本的 state 规范如下：

```scala
package jaskell.parsec

import scala.util.{Try, Failure}

trait State[E] {
    type Index
    type Status
    type Tran
    def next(): Try[E]
    def status: Status
    def begin(): Tran
    def commit(tran: Tran): Unit
    def rollback(tran: Tran): Unit
    def trap[T](message: String): Failure[T] = {
        Failure(new ParsecException(this.status, message))
    }
}
```

```
      def pack[T](item: T): Parsec[E, T] = new Pack(item)
      def eof: Parsec[E, Unit] = new Eof
}
trait Config {}
given stateConfig: Config with {
    extension [Char](txt: String)
        def state: TxtState = new TxtState(txt)
    extension [E](content: Seq[E])
        def state: CommonState[E] = new CommonState[E](content)
}
```

这里尽可能对状态管理需要的元素做了抽象，事务、索引等都可以指定不同的类型，例如我们或许在某一个场景下需要字符串类型的事务命名，可以在实现 state 时给出 type Tran = String。

但在多数情况下，我们仅需要一个数字索引，面向序列容器（Java 的 List、Rust 的 Vector 等）的状态。因此，我在这里提供了一个 CommonState 类型：

```
package jaskell.parsec

import scala.util.{Try, Success, Failure}
import java.io.EOFException

class CommonState[T](val content: Seq[T]) extends State[T]:
  override type Status = scala.Int
  override type Tran = scala.Int


  var current: scala.Int = 0
  var tran: scala.Int = -1
  def next(): Try[T] =
    if (content.size <= current) {
```

```
      print("out range")
      return Failure(new EOFException())
  } else {
      val re = content(current)
      current += 1
      return Success(re)
  }
def status: Status = current
def begin(): Tran =
  if (this.tran == -1) this.tran = this.current
  current
def begin(tran: Tran): Tran =
  if (this.tran > tran) this.tran = tran
  this.tran
def rollback(tran: Tran): Unit =
  if (this.tran == tran) this.tran = -1
  this.current = tran
def commit(tran: Tran): Unit = if (this.tran == tran) this.tran =
-1
```

上面这段代码来自 Jaskell dotty。因为逻辑较简单，我就不再罗列 Scala 2
和 Java 的版本了。有兴趣的读者可以从 Jaskell-java8 和 jaskell-core 的项目中
找到相应的版本。

需要注意的是，因为我们的算子类型不需要关注 Status 和 Tran，仅在一部分
逻辑中比较它们的值，所以只需在 Parsec 类型中直接调用 State 类型，但是因为
Java 的语法限制，无法定义 type aliases，只能把算子直接定义在 Common State
上。否则，在实现和调用 Parsec 时总要带上一堆用不到的类型参数，非常冗长。
这就在很大程度上削弱了它的实用价值，毕竟我是因为写 Lex/Yacc 太麻烦才进入
这个方向的。

Jaskell Java8 实际上包含了基于 State 和 Common State 的两套实现，有兴趣的读者可以比较一下看看。

在 JISP 项目中，我们全程使用的都是 Common State 和相关的算子。

最后，我们可以看一下 TxtState，这个类型提供行号信息。

```
package jaskell.parsec

import scala.util.{Try, Failure}
import scala.collection.{SortedMap, mutable}

class TxtState(val txt: String, val newLine:Char = '\n') extends
CommonState[Char]
(content=txt.toCharArray.toSeq):
  val lines: SortedMap[scala.Int, scala.Int] =
    val result = new mutable.TreeMap[scala.Int, scala.Int]();
    result.put(0, 0);
    for(index <- Range(0, txt.length)){
      val c = txt.charAt(index)
      if(c == newLine) {
        val lastIndex = result.lastKey
        result.put(lastIndex, index);
        if(index < txt.length - 1) {
          result.put(index+1, index+1)
        }
      }
    }
    result
  def lineByIndex(index: scala.Int): scala.Int =
    var i = 0
    for(idx <- lines.keys){
      if(idx <= index && index <= lines(idx)) {
```

```
      return i
    }
    i += 1
  }
  -1
object TxtState:
  def parse(txt: String, newLine: Char='\n'): TxtState = new
TxtState(txt, newLine)
}
```

Java 版本如下：

```
package jaskell.parsec.common;

import static jaskell.parsec.common.Atom.one;
import static jaskell.parsec.common.Atom.pack;
import static jaskell.parsec.common.Combinator.attempt;
import static jaskell.parsec.common.Combinator.choice;
import static jaskell.parsec.common.Txt.newline;
import static jaskell.parsec.common.Txt.text;
import jaskell.parsec.Neighborhood;
import jaskell.parsec.ParsecException;
import java.io.EOFException;
import java.util.ArrayList;
import java.util.Arrays;
import java.util.Collections;
import java.util.Comparator;
import java.util.HashMap;
import java.util.List;
import java.util.Map;
import java.util.stream.Collectors;
```

```java
public class TxtState implements State<Character> {
  private final List<Character> buffer;
  private final String content;
  private final Map<Integer, Integer> lines = new HashMap<>();
  private int current = 0;
  private int tran = -1;
  @Override
  public Character next() throws EOFException {
    if (this.current >= this.buffer.size()) {
      throw new EOFException();
    }
    Character re = this.buffer.get(this.current);
    this.current++;
    return re;
  }
  @Override
  public Integer status() {
    return this.current;
  }
  @Override
  public Integer begin() {
    if (this.tran == -1) {
      this.tran = this.current;
    }
    return this.current;
  }
  @Override
  public Integer begin(Integer tran) {
    if (this.tran > tran) {
      this.tran = tran;
    }
    return this.tran;
```

```java
    }
    @Override
    public void rollback(Integer tran) {
      if (this.tran == tran) {
        this.tran = -1;
      }
      this.current = tran;
    }
    @Override
    public void commit(Integer tran) {
      if (this.tran == tran) {
        this.tran = -1;
      }
    }
    @Override
    public ParsecException trap(String message) {
      return new ParsecException(this.current, message);
    }
    public TxtState(String content, String newLine) {
      this.content = content;
      List<Character> characters = new ArrayList<>();
      for (char c : content.toCharArray()) {
        characters.add(c);
      }
      SimpleState<Character> state = new SimpleState<>(characters);
      Parsec<Character, Character> chr =
choice(attempt(text(newLine).then(pack('\n'))), one());
      List<Character> buffer = new ArrayList<>();
      int last = 0;
      while (true) {
        try {
          Character re = chr.parse(state);
```

```
      if (re == '\n') {
        lines.put(last, state.status());
        lines.put(last + 1, last + 1);
        last = state.status();
      }
      buffer.add(re);
    } catch (EOFException error) {
      break;
    }
  }
  this.buffer = buffer;
}
public TxtState(String content) {
  this(content, "\n");
}
public int lineOfIndex(int index) {
  int i = 0;
  for (int idx : lines.keySet()) {
    if (idx <= index && index <= lines.get(idx)) {
      return i;
    }
    i += 1;
  }
  return -1;
}
public Neighborhood neighborhood() {
  return neighborhood(current);
}
public Neighborhood neighborhood(int index) {
  int top = Math.min(index + 10, content.length());
  int bottom = Math.max(index - 10, 0);
  Neighborhood result = new Neighborhood();
```

```
        result.setTop(top);
        result.setBottom(bottom);
        result.setContent(content.substring(bottom, top));
        return result;
    }
}
```

在未来的版本中，我计划继续强化这个类型的功能。

12.2 算子

算子是组合子的核心，它的根本价值在于用户可以利用既有资源定义出自己的解析规则。所以，提供足够好用的内置组合子同能够让用户方便地定义自己的组合子实现同样重要。这些内置组合子提供了组合子计算的基本规则，简化和规范了应用项目的使用。

所有的算子都需要提供 bind 和 then，这是来自函数式编程的概念，在 Haskell 中，它们通过 typeclass 实现。在 Java 8 和 Scala 2 的版本中，我们受限于语言功能，只能模拟其行为。但是 Scala 3 提供了完整的 typeclass 功能。因此，我们这里优先讨论 scala 3 的类型设计和实现，再讨论在 Java 和 Scala 2 采取的折中方式。

12.2.1 Scala 3 中的 Typeclass

Haskell 程序员对最基本的 Functor、Applicative、Monad 算子应该不陌生，它们定义简单却非常重要的几个规则。在最近几个版本的 Haskell 里，它们的继承关系是 Functor -> Applicative -> Monad。我在实现这几个类型时，主要参考的是 Scala 官方的 typeclass 文档[1]。

Jaskell Dotty 中的 Functor 类型如下：

```scala
package jaskell

import scala.util.{Failure, Success, Try}

trait Functor[F[_]]:
  def pure[A](x: A): F[A]
  extension[A, B] (x: F[A])
  /** The unit value for a monad */
    def map(f: A => B): F[B]
    def flatMap(f: A => F[B]): F[B]
given Functor[List] with
  def pure[A](x: A) = List(x)
  extension[A, B] (xs: List[A])
    def map(f: A => B): List[B] =
      xs.map(f) // List already has a `map` method
    def flatMap(f: A => List[B]): List[B] = xs.flatMap(f)
trait SeqU {}
given seqU: SeqU with {
  extension[T] (seq: Seq[Try[T]])
    def sequenceU: Try[Seq[T]] = {
      val failure = seq.filter(_.isFailure)
      if(failure.isEmpty){
        return Success(seq.map(_.get))
      } else {
        return Failure(failure.head.failed.get)
```

[1] http://dotty.epfl.ch/docs/reference/contextual/type-classes.html

```
      }
    }
}
```

理论上来说，Functor 应该仅需实现 fmap 操作，即将一个 A => B 的映射作用于一个 F A 得到一个 F B。这就是我们熟悉的 map，而 flatMap 是 Monad 的一部分。但是 Scala 中 flatMap、map 和 iterator 如此重要，以至于这三个方法是 for 语法的隐含条件。我在实现 Applicative 的时候，也要依赖 for yield 表达式，遵循原始设计的严谨，和工程上的妥协带来的便利相比，我选择了严谨。因此，Jaskell Dotty 的 Functor 类型也要求实现 flatMap。

最后是 pure 操作，它可以简单理解成将一个元素封装在一个 Functor 环境对象中。

Scala 3 的新语法 given 和 extension 可以对类型定义做精细的控制，这里我们在不重写 List 类型的前提下，就通过 given 定义了它作为 Functor 使用时的行为。这相当于 Haskell 的 instance 语法。

接下来是 Applicative，在 Haskell 中，它曾经是一个独立的体系，现在则是 Moand 的 superclass。在 Jaskell Dotty 中，我也将它实现为 Functor 的子类，Monad 的超类：

```
package jaskell

import scala.util.{Try, Success}

trait Applicative[F[_]] extends Functor[F] {
  extension[A, B] (fa: F[A => B])
    def <*>(fb: F[A]): F[B] = for {
      f <- fa
```

```
      a <- fb
    } yield f(a)
    def <|>(fb: F[A => B]): F[A => B] =
      for {
        a <- fa
        b <- fb
      } yield (arg: A) => try {
        a(arg)
      } catch {
        _ => b(arg)
      }
  extension[A, B] (x: F[A])
    def *>(bx: F[B]) = for {
      _ <- x
      b <- bx
    } yield b
    def <*(bx: F[B]) = for {
      a <- x
      _ <- bx
    } yield a
  extension[A, B, C] (fx: F[(A, B) => C])
    def liftA2(ax: F[A], bx: F[B]): F[C] = for {
      f <- fx
      a <- ax
      b <- bx
    } yield f(a, b)
}
given tryApplictive[Arg]: Applicative[[Result] =>> Arg =>
Try[Result]] with {
  def pure[T](arg: T): Arg => Try[T] = x => Success(arg)
  extension[A, B] (fa: Arg => Try[A]) {
    def map(f: A => B): Arg => Try[B] = arg => fa(arg).map(f)
```

```
    def flatMap(fb: A => Arg => Try[B]): Arg => Try[B] = arg =>
  fa(arg).flatMap(x => fb(x)(arg))
  }
  extension[A] (fa: Arg => Try[A]) {
    def <|>(fb: Arg => Try[A]): Arg => Try[A] = arg =>
  fa(arg).orElse(fb(arg))
  }
}
```

    Applicative 最重要的功能是对那些组合状态的行为控制，依赖 for yield 表达式，它有了清晰的定义，例如在 f a 和 f b 先后执行成功的前提下，*>返回 f b 的结果（并且隐式地由 pure 操作将其 lift 为一个 F），而如何定义执行"成功"在 Scala 中其实有一致的内在逻辑，对于 Either 类型，就是 right；对于 Try，就是 success，等等。这是因为 for 表达式总是会调用 map/flatMap/iterate 操作，我们只需要使它们传递"成功"状态即可。

    在此基础上，Monad 定义可以很自然地实现：

```
package jaskell

import scala.util.{Try, Success, Failure}

trait Monad[F[_]] extends Applicative[F]:
  extension [A, B](x: F[A])
    def >>= (f: A=> F[B]): F[B] = {
      x.flatMap(f)
    }
    /** The 'map' operation can now be defined in terms of 'flatMap' */
    def map(f: A => B): F[B] = x.flatMap(f.andThen(pure))
    def >> (f: A => B): F[B] = map(f)
given listMonad: Monad[List] with
  def pure[A](x: A): List[A] =
```

```scala
    List(x)
  extension [A, B](xs: List[A])
    def flatMap(f: A => List[B]): List[B] = xs.flatMap(f)
    // rely on the existing 'flatMap' met
given optionMonad: Monad[Option] with
  def pure[A](x: A): Option[A] = Option(x)
  extension [A, B](xo: Option[A])
    def flatMap(f: A => Option[B]): Option[B] = xo match
      case Some(x) => f(x)
      case None => None
given tryMonad: Monad[Try] with
  def pure[A](x: A) = Success(x)
  extension [A, B](xt: Try[A])
    def flatMap(f: A => Try[B]): Try[B] = xt.flatMap(f)
```

我在这里对几个常用类型做了 given 实例定义。其实在更多的 typeclass 应用场景中，通过组合这些基本类型和基础 typeclass，即可达到目的，并不一定要为每一种 trait 的实现类型定义具体的 given 实例。

Haskell 的隐式 curry 能力，可以将算子组合成非常精简漂亮的形式。目前，可以通过 using 参数（或者 scala 2 就有的 implicit 参数）实现类似的效果。但是经过反复考虑，我没有做这方面的尝试。目前，将其尽可能与简单的函数 A => B 类型保持一致是更好的思路。

基于这个考虑，Parsec 类型现在定义为：

```scala
package jaskell.parsec

import scala.util.{Try, Success, Failure}
import scala.language.implicitConversions
```

```
import jaskell.Monad

trait Parsec[A, B] {
    def apply(state: State[A]): Try[B]

    def ?(state: State[A]): Try[B] = this.apply(state)

    def !(state: State[A]): B = this.apply(state).get

    def attempt: Parsec[A, B] = new Attempt(this)

    def iterate(state: State[A]): Iterator[A, B] = new
Iterator(this, state)

    def <|> (p: Parsec[A, B]): Parsec[A, B] = new Combine2(this, p)
}

given parsecConfig[E]: Monad[[T] =>> Parsec[E, T]] with {
    def pure[A](x: A): Parsec[E, A] = new Pack[E, A](x)

    extension [A, B](x: Parsec[E, A]) {
        def flatMap(f: A => Parsec[E, B]): Parsec[E, B] = new
    Binder(x, f)
    }

}

given textParserConfig[T]: Monad[[T] =>> Parsec[Char, T]] with {
  def pure[A](x: A): Parsec[Char, A] = new Pack[Char, A](x)

  extension [A, B](x: Parsec[Char, A]) {
    def flatMap(f: A => Parsec[Char, B]): Parsec[Char, B] = new
Binder(x, f)
  }

  extension [A](x: Parsec[Char, A]) {
      def apply(content: String): Try[A] = x.apply(content.state)

      def ?(content: String): Try[A] = x ? content.state
  }

}
```

在这个定义中，我们将 `Parsec[A, B]`设计为一个 `A => Try[B]`的映射。利用 Try 环境，我们可以传递错误信息，用规范的方法建立程序逻辑。

12.2.2 Scala 2 中的 Typeclass

Scala 2 的 Typeclass 依赖 implicit 语法。较之改进后的 scala 3 语法，Scala 2 实现起来限制更多，更复杂一些。所以我对基础算子做了简化，直接定义一个 MonadTypeclass，然后定义必要的 instance。首先，我们定义 Monad 必要的实现规范：

```scala
trait Monad[M[_]] {
    def pure[A](element: A): M[A]
    def fmap[A, B](m: M[A], f: A => B): M[B]
    def flatMap[A, B](m: M[A], f: A => M[B]): M[B]
    def liftA2[A, B, C](f: (A, B) => C): (Monad.MonadOps[A, M],
Monad.MonadOps[B, M]) => M[C] = { (ma, mb)=>
        for {
            a <- ma
            b <- mb
        } yield f(a, b)
    }
}
```

然后在 object Monad 中定义对应的 MonadOps 类型：

```scala
object Monad {
//...
  abstract class MonadOps[A, M[_]](implicit I: Monad[M]) {
    def self: M[A]
    def map[B](f: A=> B): M[B] =I.fmap(self, f)
    def <:>[B](f: A=> B): M[B] =I.fmap(self, f)
    def flatMap[B](f: A=> M[B]):M[B] =I.flatMap(self, f)
    def liftA2[B, C](f: (A, B) => C): (M[B]) =>M[C] = m
  =>I.liftA2(f)(self, m)
```

```
    def <*>[B](f: A=> B): M[A]=>M[B] = ma => I.fmap(ma, f)
    def *>[B](mb: M[B]): M[B] =for {
      _ <-self
      re <- mb
    } yield re
    def <*[_](mb: M[_]): M[A] = for {
      re <-self
      _ <- mb
    } yield re
    def >>= [B](f: A=> M[B]): M[B] = flatMap(f)
    def >>[B](m: M[B]):M[B] =for {
      _ <-self
      re <- m
    } yield re
  }
//...
}
```

　　然后我们定义 object Monad 的 apply 方法，用于与对应的实例类型匹配，然后是用于将目标类型转为 Ops 类型的隐式方法 toMonad：

```
object Monad {
  def apply[M[_]](implicitinstance: Monad[M]): Monad[M] = instance
//...
  implicitdef toMonad[A, M[_]](target: M[A])(implicit I: Monad[M]):
MonadOps[A, M] = new MonadOps[A, M]() {
    overridedef self:M[A] = target
  }
}
```

这就组成了一个规范的 Scala 2 Typeclass 体系。但是这个形式并不能支持 Parsec 算子的 Monad 实现，因为 Parsec 需要确定两个类型参数。这时，我们需要一个更灵活的 Monad.apply 方法，允许用一个返回 Monad 的构造方法得到对应的实例：

```scala
object Monad {
  def apply[M[_]](implicitinstance: Monad[M]): Monad[M] = instance
  //使用构造器获取 monad 实例的版本
  def apply[M[_]](implicitcreator: () => Monad[M]): Monad[M] =
creator.apply()
//...
}
```

然后我们在 object Parsec 中定义：

```scala
object Parsec {
  def apply[E, T](parser: State[E]=>Try[T]):Parsec[E, T] = parser(_)
  implicitdef toFlatMapper[E, T, O](binder: Binder[E, T, O]): (T) =>
Parsec[E, O] = binder.apply
  implicitdef mkMonad[T]: Monad[({typeP[A] = Parsec[T, A]})#P] =
newMonad[({typeP[A] = Parsec[T, A]})#P] {
    overridedef pure[A](element: A): Parsec[T, A] = Return(element)
    overridedef fmap[A,B](m: Parsec[T, A], f: A=>B): Parsec[T, B] =
m.ask(_).map(f)
    overridedef flatMap[A, B](m: Parsec[T, A], f: A=>Parsec[T,
B]):Parsec[T, B] = state =>for {
      a <- m.ask(state)
      b <- f(a).ask(state)
    } yield b
  }
}
```

其中 mkMonad 就是我们前面提到的实例构造方法，它仅需实现 Monad Trait 的 fmap 和 flatMap，编译器会为我们组装 MonadOps 中的功能。这里与 Scala 3 的版本类似，也需要通过 Type Lambda 将两个类型参数的 Parsec trait 暴露为一个类型参数的 Monad。

12.2.3 Parsec 定义

这样，Parsec 就可以简单地定义为：

```
trait Parsec[A, B] {
  def apply(state: State[A]): Try[B]
  def ?(state: State[A]): Try[B] = this.apply(state)
  def !(state: State[A]): B = this.apply(state).get
  def attempt: Parsec[A, B] = new Attempt(this)
  def iterate(state: State[A]): Iterator[A, B] = new Iterator(this,
state)
  def <|> (p: Parsec[A, B]): Parsec[A, B] = new Combine2(this, p)
}
```

为了在 Scala 2 版本中隐式地识别 Binder（即 Scala3 版本的 Combine2），我们在 Scala 2 的 object Parsec 中提供了隐式函数 toFlatMapper。

目前的 Jaskell Parsec 中，Scala 2 和 Scala 3 的 Parsec 定义仍有一些差异，但不同之处只是一些工具性质的方法，它们的基本结构几乎完全一致。两者在用法上也几乎一致，只是 scala 2 的版本在某些场合下的类型推导没有 scala 3 的版本灵活，但是几乎不影响使用。

有了 Parsec 和 State 规范，我们就可以定义具体的算子，用来执行程序逻辑。我们之前用到的各种算子，也是这样建立起来的。下面我们介绍 Parsec 主要的内置算子。

当然，Java 版本就不必考虑这个问题，因为 Java 不支持 Typeclass，所以我们简单地将这些功能都定义为一个 parsec 类型：

```java
publicinterface Parsec<E, T, Status, Tran> {
    Tparse(State<E, Status, Tran>s)throwsEOFException,
ParsecException;
    default Try<T> exec(State<E, Status, Tran>s) {
        try {
            returnTry.success(parse(s));
        } catch (Exception e) {
            returnTry.failure(e);
        }
    }
    default <C>Parsec<E, C, Status, Tran>bind(Binder<E, T, C,
Status, Tran>binder) {
        return s -> {
            T value = parse(s);
            return binder.bind(value).parse(s);
        }
    }
    default <C>Parsec<E, C, Status, Tran>then(Parsec<E, C, Status,
Tran>parsec) {
        return s -> {
            parse(s);
            return parsec.parse(s);
        }
    }
    default <C>Parsec<E, T, Status, Tran>over(Parsec<E, C, Status,
Tran>parsec) {
```

```
    return s -> {
        T value =Parsec.this.parse(s);
        parsec.parse(s);
        return value;
    }
  }
}
```

对于 Java 版本的 parsec 算子，我们需要实现 parse 方法；对于 Scala 版本，我们仅需要实现 apply。

Try 是 Scala 标准库类型之一，Java 没有对应的内置类型，所以我模仿 Scala 的 Try 写了一个 Java 版本。具体的实现逻辑可以在代码仓库中找到，这里就不赘述了。

Scala 版本支持的中缀运算符? ! <|> *><* >> >>=等在 Java 中无法实现。

12.2.4 基本算子

以下基本算子的实现不依赖其他算子，它们定义了对状态的基本访问规则：

- one（取值）
- pack（包装）
- fail（报错）
- end（终结）
- is（谓词判定）
- eq（相等）
- ne（不等）
- oneof（包含）
- noneof（排除）

我们简单介绍一下这些算子的实现。

one 算子

one 算子仅仅从 state 中获取下一个值，这与直接调用 state 的 next 方法是一样的。但是出于形式上的考虑，我还是实现了这样一个算子。

```
package jaskell.parsec
import scala.util.{Try, Success}
class One[A] extends Parsec[A, A] {
    def apply(state: State[A]): Try[A] = state.next()
}
```

这个算子很简单，这里就不罗列 Scala 2 和 Java 的版本了。

pack 算子

相比之下，仅仅简单地包装数据 item，在调用时直接返回 Success(item) 的 pack 算子，倒是非常常用。

```
package jaskell.parsec
import scala.util.{Try, Success}
case class Pack[E, T](val value: T) extends Parsec[E, T] {
    def apply(state: State[E]): Try[T] = Success(value)
}
object Pack {
    def apply[E, T](value: T): Pack[E, T] = new Pack(value)
}
```

应用函数式编程模式时，有大量的计算需要将计算结果包装为环境对象，依托 faltMap 这样的操作将计算流传递下去。Scala 的 yield 表达式，也是这样一个 pack 操作。在 Haskell 中，这个算子名为 return。由于 return 在普通编程语言中是常用关键字，所以我在这里将其命名为 pack。

fail 算子

fail 算子目前还没有加入 Jaskell Dotty，但是在 Scala 2 和 Java 版本中都有，需要组合算子生成特定的错误信息时，这个算子可以在一定程度上简化逻辑。不过它对 Scala 3 帮助不大，Scala 3 的语言功能已经非常方便。我在完全没有使用这个算子的情况下做完了 SISPDotty 的全部实验。相比之下 state 的 trap 方法确实是个提高效率的好方法。

```scala
package jaskell.parsec
import scala.util.Try
class Fail[E](val msg: String, val objects: Any*) extends Parsec[E, E] {
  val message: String = msg.format(objects)
  override def apply(s: State[E]): Try[E] = {
    s.trap(message)
  }
}
object Fail {
  def apply[E](msg: String, objects: Any*): Fail[E] = new Fail(msg,
objects)
}
```

end 算子

end 算子判定 state 是否到达终结状态，所以它在成功时不需要返回任何数据。

```scala
package jaskell.parsec
import scala.util.{Try, Success, Failure}
class Eof[E] extends Parsec[E, Unit] {
    def apply(state: State[E]): Try[Unit] = state.next() match {
```

```
        case Success(re) => state.trap(s"except eof but $re")
        case Failure(_) => Success(())
    }
}
object Eof {
  def apply[E](): Eof[E] = new Eof()
}
```

Java 版本实现思路类似，不过是通过捕捉 state 的 eof 异常来实现的。

```
package jaskell.parsec;

import java.io.EOFException;

/**
 * Created by Mars Liu on 2016-01-02.
 * Eof 期待 state 的 next 操作取到 eof 状态.
 */
public class Eof<E, Status, Tran> implements Parsec<E, E, Status,
Tran> {

    @Override
    public E parse(State<E, Status, Tran> s) throws EOFException,
ParsecException {
        try{
            E re = s.next();
            String message = String.format("Expect eof but %s", re);
            throw s.trap(message);
        } catch (EOFException e) {
            return null;
        }
    }
}
```

is 算子

is 算子在构造时接受一个 A => Bool 谓词参数，在作用于 State[A]状态时，如果 state.next 得到的元素 item 通过了谓词检查，则返回 Success(item)，否则返回失败信息。这个算子在 parsec 库中没有被引用，但是在开发某些解释引擎时有用武之地。

```scala
package jaskell.parsec

import scala.util.{Success, Try}

class Is[T](val predicate: Function[T, Boolean]) extends Parsec[T, T] {
  def apply(s: State[T]): Try[T] = {
    s.next().flatMap(item => {
      if(predicate(item)) {
        Success(item)
      } else {
        s.trap(s"expect anything pass predicate check but get $item")
      }
    }
  }
}
```

eq 算子

判等算子 eq 很简单，它的构造函数接受一个值，然后从 state 中读取一个值，判断它们是否相等，如果相等就返回这个值，否则抛出错误。这是一个非常基本，也非常有用的算子，以下是它的 Java 版本：

```java
package jaskell.parsec;

import java.io.EOFException;
import java.util.Objects;

public class Eq<E, Status, Tran>implements Parsec<E, E, Status,
Tran> {
    private final E item;
    @Override
    public  E parse(State<E, Status, Tran> s) throws EOFException,
ParsecException {
        E re = s.next();
        if (Objects.equals(re, item)){
            return re;
        } else {
            String message = String.format("Expect %s is equal
        to %s", re, item);
            throw s.trap(message);
        }
    }
    public Eq(E item){
        this.item = item;
    }
}
```

Scala 的版本大同小异，就不罗列了。唯一的区别是 Scala 的版本不抛出异常，而是返回 Try[T]类型。

相等算子有对应的否定算子 ne，表示不等，也是一个常用的基本算子。

oneof 和 noneof 算子

oneof 算子构造时接受一个集合参数，如果从 state 中获取的元素 item 在这个集合中，就返回 Success(item)。

```scala
package jaskell.parsec

import scala.util.{Success, Try}

/**
 * OneOf success if item equals one of prepared.
 * @author mars
 * @version 1.0.0
 */
class OneOf[T](val items:Set[T]) extends Parsec[T, T]:
  def apply(s: State[T]): Try[T] =
    s.next() flatMap {v => {
      if(items.contains(v)){
        Success(v)
      }else{
        s.trap(s"expect a value in ${items} but get $v")
      }
    }}
object OneOf:
  def parse[T](items: Set[T]): OneOf[T] = new OneOf(items)
```

无论 Java 还是 Scala 版本，都是利用标准库的 set 实现的，这里就不占用篇幅介绍了。

noneof 算子是 oneof 的逆判定，它在 state.next 不属于预定集合时返回 success。这里也不多做讨论了。

12.2.5 组合子

组合子库得名于组合子，这些算子通常在构造时接受其他组合子作为参数，构造出新的算子以表达抽象的逻辑。

- **试错**

- **选择**

- **重复**
  - many
  - many1
  - count

- **between**

- **忽略**
  - skip
  - skip1

- **间隔**
  - sepBy
  - sepBy1

- **前趋和回视**

我们挑选几个有代表性的算子进行介绍。

试错算子

试错算子 attempt 是一个极为重要的算子，它将构造时传入的算子作用于 state，如果失败，那么它返回失败信息前会先将 state 复位：

```scala
package jaskell.parsec
import scala.util.{Try, Success, Failure}
class Attempt[E, T](val parsec: Parsec[E, T]) extends Parsec[E, T]{
  def apply(state: State[E]): Try[T] = {
    val tran = state.begin()
    parsec(state) match {
      case result: Success[_] =>
        state commit tran
        result
      case failed: Failure[_] =>
        state rollback tran
        failed
    }
  }
}
```

它的 Java 版本利用了异常机制：

```java
package jaskell.parsec.common;

import jaskell.parsec.ParsecException;
import java.io.EOFException;

public class Attempt<E,T>
    implements Parsec<E, T> {
    private final Parsec<E, T> parsec;
    @Override
    public T parse(State<E> s) throws EOFException, ParsecException{
        Integer tran = s.begin();
```

```
        try{
            T re = this.parsec.parse(s);
            s.commit(tran);
            return re;
        } catch (Exception e) {
            s.rollback(tran);
            throw e;
        }
    }
    public Attempt(Parsec<E, T> parsec){
        this.parsec = parsec;
    }
}
```

这是少数显式操控 state 状态，定义和回滚事务的算子。事实上我们几乎不再需要实现类似的操作，大部分情况下只需要将具体的算子封装在 try 里即可。

这个算子在 Haskell 中名为 try。像 return 一样，try 也是一个极为常用的关键字，所以我将其改名为 attempt。

这个组合子非常重要，我在 Parsec trait 中加入了 attempt 方法，将算子自身封装为 attempt 版本。这样可以简化代码。

选择算子

选择算子 choice 接受若干算子作为参数，然后逐个尝试用每一个参数处理 state，如果成功，则返回其结果，否则继续尝试下一个算子，直至成功或全部失败，全部失败会返回错误信息。

这个算子在 scala 版本中有一个中缀运算符<|>版本，用它可以方便地连接多个需要匹配的算子，例如前面章节中 SISP 的 escapechar 逻辑。

Choice 要求失败的算子自行将 state 复位，否则抛出异常并不再继续尝试。我考虑了很久，最终没有在 choice 中隐式地做 try 封装，因为在一些特殊的 state 中，可能需要这个信息来了解 state 的状态。所以 choice 要求每一个传入的算子（除了最后一个），都应该在出错时可以复位，现在的 Jaskell Parsec 算子都提供了 attempt，可以尽可能简化这个逻辑。

重复算子

重复算子 many 和 many1 是很常用的算子。它们接受一个 Parsec<E, T>p 算子作为参数，构造一个 Parsec<E, List<T>>算子。对于 Scala 版本，这个新类型是 Parsec[E, Seq[T+]]。

顾名思义，它们反复的尝试 p，如果成功，就将处理结果保存起来，否则结束工作，将所有成功的结果作为一个序列返回。

many 和 many1 的区别在于，many1 必须至少成功一次，而 many 可以一次都不成功，此时返回一个空的列表。many 和 many1 这种区别，相当于正则表达式的*和+匹配的区别。

因此，many1 在形式上完全可以表达为：

```
many1 = Seq(p(state)) ++ many(p)(state)
```

当然，实际上为了简化构造行为，Scala 的 many 和 many1 的实现比这复杂。以下是 Java 版本的 many：

```java
package jaskell.parsec;

import java.io.EOFException;
import java.util.ArrayList;
import java.util.List;

public class Many<E, T, Status, Tran>implements Parsec<E, List<T>,
Status, Tran> {
    private final Parsec<E, T, Status, Tran>parsec;
    @Override
    public List<T> parse(State<E, Status, Tran> s) throws EOFException,
ParsecException {
        List<T> re = new ArrayList<>();
        try{
            while (true){
                re.add(this.parsec.parse(s));
            }
        } catch (Exception e){
            return re;
        }
    }
    public Many(Parsec<E, T, Status, Tran> parsec) {
        this.parsec = new Attempt<>(parsec);
    }
}
```

Java 版的 many1：

```
package jaskell.parsec;

import java.io.EOFException;
import java.util.ArrayList;
import java.util.List;

public class Many1<E, T, Status, Tran>
    implements Parsec<E, List<T>, Status, Tran> {
    private final Parsec<E, T, Status, Tran>parser;

    @Override
    public List<T>parse(State<E, Status, Tran> s) throws EOFExcep-
tion, ParsecException {
        List<T> re = new ArrayList<>();
        re.add(this.parser.parse(s));
        Parsec<E, T, Status, Tran> p = new Attempt<>(parser);
        try{
            while (true){
                re.add(p.parse(s));
            }
        } catch (Exception e){
            return re;
        }
    }
    public Many1(Parsec<E, T, Status, Tran>parsec){
this.parser = parsec;
    }
}
```

以前，我实现的 many 和 many1 都包含了一个逻辑：如果算子 p 失败，检查 state 是否复位，如果没有，则返回错误。这就要求传入的算子 p 必须是某种 try 算子。后来，我觉得这样做并不实用，现在的 many 和 many1 会自己为 p 加上 attempt 封装。

skip 和 skip1 是没有返回结果的 many 和 many1。在编写解释器或处理一般的二进制序列时，经常要跳过一些内容，例如数学表达式等号两边的空格、Java 和 C 逗号两边的空格等。这类没有返回值的重复算子在这类情况下非常有用。

当然，用 many 和 many1 代替它们，在功能上并没有问题，只是需要保存处理结果，不必要地牺牲了性能。

向前匹配算子

向前匹配指用给定的算子 p 去解析 state，无论成功与否都将 state 复位，这个逻辑也是 attempt 之外，极少数显式操作 state 的算子之一。它的行为就像在当前的位置往前"眺望"信息序列，这对于一些边界定义逻辑很有用。

它的实现很简单，以下是 Scala 的版本：

```scala
package jaskell.parsec
import scala.util.Try
class Ahead[E, T](var parser: Parsec[E, T]) extends Parsec[E, T] {
  override def apply(s: State[E]): Try[T] = {
    valtran = s.begin()
    val result = parser ? s
    s.rollback(tran)
    result
  }
```

```
}
object Ahead {
  def apply[E, T](parser: Parsec[E, T]): Ahead[E, T] = new Ahead[E,
T](parser)
}
```

between

between 算子在前面的章节中用过好几次，它可以简单地表示为：

```
between = left *> parsec <* right
```

它的逻辑是匹配连续的三个算子，并返回中间的那个。

我们在 Parsec 实现中做了一些方便的工具方法，例如可以先给出 left 和 right 算子，构造一个中间状态，然后再传入中间的 parsec 算子。这其实是在模拟 Haskell 的 Curry 化。因为这部分代码做的事情都差不多，这里就不罗列代码了，有兴趣的读者可以查阅项目代码。

Jaskell 库中的组合子主要就是这些表达依赖顺序的算子，它们赋予哪些基本算子以明确的顺序依赖关系，从而可以方便地组合出复杂的解释逻辑。在应用项目中，我还写过一些并不表达顺序依赖的组合子，总之利用项目语言自身的功能，我们可以根据实际需要定义出各种各样的组合逻辑。

12.2.6 文本组合子

尽管我最感兴趣的是脱离具体类型的组合子抽象工作，但是不可否认，组合子目前最有价值的应用场景仍然是文本解析。准备充足的内置文本组合子，是非常重要的工作。目前 Jaskell 库提供的文本组合子，主要是充分利用 Java/Scala 标准库实现的：

- **字符相等**
- **字符不等**
- **字符包含**
- **字符排除**
- **文本相等**
- **空白**
- **空格**

我们还是挑几个有代表性的文本组合子介绍。

Ch 和 NCh

字符判等在 Haskell Parsec 中叫 char，但是在 Java、Scala 这样的语言中，这个名字太容易引起混乱了。所以我将字符相等和不相等，分别封装为 Ch 和 NCh 类型，下面是 Ch 算子的实现：

```scala
package jaskell.parsec

import scala.util.{Try, Success, Failure}

case class Ch(val char: Char, val caseSensitive: Boolean=true)
extends Parsec[Char, Char]:
  val chr: Char = if (caseSensitive) char else char.toLower
  val parser: State[Char] => Try[Char] = if(caseSensitive) {
    s => s.next().flatMap { c =>
      if(chr == c) {
        Success(c)
      } else {
        s.trap(s"expect char $char (case sensitive $caseSensitive)
      but get $c")
      }
    }
  } else {
    s => s.next().flatMap { c =>
      if (chr == c.toLower) {
        Success(c)
      } else {
        s.trap(s"expect char $char (case sensitive $caseSensitive)
      but get $c")
      }
    }
  }

  def apply(s: State[Char]): Try[Char] = parser(s)
```

这里跟相等判定的区别在于，我们加入了大小写是否敏感的开关。根据这个值，给出两个不同的 parser 逻辑。

Java 的版本略微长一点：

```
package jaskell.parsec.common;

import jaskell.parsec.ParsecException;
import jaskell.util.Try;

import java.io.EOFException;
import java.util.function.Function;

public class Ch implements Parsec<Character, Character> {
    private final Function<State<Character>, Try<Character>> parser;
    public Ch(Character chr) {
        this(chr, true);
    }
    public Ch(Character chr, Boolean caseSensitive) {
        Character chr1;
        if (caseSensitive) {
            chr1 = chr;
            this.parser = s -> {
                try {
                    Character c = s.next();
                    if (c.equals(chr)) {
                        return Try.success(c);
                    } else {
                        return Try.failure(s.trap(String.format("expect
char %c (case sensitive %b) at %s but %c", chr,
caseSensitive, s.status().toString(), c)));
                    }
                } catch (EOFException e) {
                    return Try.failure(e);
```

```
                }
            }
        } else {
            chr1 = chr.toString().toLowerCase().charAt(0);
            this.parser = s -> {
                try {
                    Character c = s.next();
                    If (chr.equals(c.toString().toLowerCase().charAt(0))){
                        return Try.success(c);
                    } else {
                        return Try.failure(s.trap(String.format("expect
char %c (case sensitive %b) at %s but %c", chr,
caseSensitive, s.status().toString(), c)));
                    }
                } catch (EOFException e) {
                    return Try.failure(e);
                }
            };
        }
    }
    @Override
    public Character parse(State<Character> s) throws Throwable {
        return parser.apply(s).get();
    }
}
```

因为 Java 对可能抛出异常的代码有严格的要求，例如在 Lambda 中不能抛出
异常（至少不能随意地抛出异常），所以我这里模仿 Scala 的 Try，定义了一个可以
携带数据或异常的 Try 类型。如果 Try 对象处于失败状态，get 操作会抛出携带的
异常。

文本匹配

文本匹配算子 text 要按顺序匹配给定的文本片段，所以代码略复杂一点，但是其逻辑并不复杂：

```
package jaskell.parsec

import scala.util.{Failure, Success, Try}
class Text(val text:String, val caseSensitive:Boolean = true)
extendsParsec[Char, String]:
  val content:String = if (caseSensitive) text else text.toLowerCase
  def apply(s: State[Char]): Try[String] =
    varidx=0
    val sb:StringBuilder=new StringBuilder
    for(c <-this.text) {
      s.next() match {
        case Success(data) => val dataChar=if (caseSensitive){
          data
        } else {
          data.toLower
        }
        if (c != dataChar) {
          return s.trap(s"Expect $c of $text [$idx] (case sensitive
$caseSensitive) at ${s.status} but get $data")
        }
        idx +=1
        sb += data
        case Failure(error) => return Failure(error)
      }
    }
    Success(sb.toString())
object Text:
  def apply(text: String, caseSensitive: Boolean):Text = new
Text(text, caseSensitive)
  def apply(text: String):Text = new Text(text, true)
```

对应的 Java 版本：

```
package jaskell.parsec;

import java.io.EOFException;


public class Text<Status, Tran>implementsParsec<Character, String,
Status, Tran>{
    private final String text;
    private final Boolean caseSensitive;
    public Text(String text) {
        this(text, true);
    }
    public Text(String text, Boolean caseSensitive) {
        this.caseSensitive = caseSensitive;
        if(caseSensitive){
            this.text = text;
        } else {
            this.text = text.toLowerCase();
        }
    }

    @Override
    public String parse(State<Character, Status, Tran>s) throws
EOFException, ParsecException {
    int idx =0;
    for(Character c:this.text.toCharArray()) {
        Character data = s.next();
        if (caseSensitive) {
            if (c != data) {
                String message = String.format("Expect %c at %d
            but %c", c, idx, data);
                throw s.trap(message);
            }
```

```
    } else {
        if (c != data.toString().toLowerCase().charAt(0)) {
            String message = String.format("Expect %c at %d
        but %c", c, idx, data);

            throw s.trap(message);
        }
    }
    idx ++;
}
return text;
}
}
```

其余组合子就不一一介绍了，除了大小写敏感，它们与通用版本并无二致。
在实现上主要依赖 Java/Scala 标准库的资源，对字符和字符串做内容分析。

随书代码

本书的例子原型来自多年前我用 go 语言实现的 gisp 项目
（https://github.com/Dwarfartisan/gisp2）。现在有了全新的，基于 Java 和
Scala 的 Parsec 和 LISP 解释器。

- Jaskell 项目地址 https://github.com/MarchLiu/jaskell-java8
- 对应的 JISP 项目地址 https://github.com/MarchLiu/jisp
- Scala 2 的 Jaskell 项目地址 https://github.com/MarchLiu/jaskell-core
- 对应的 SISP 项目地址 https://github.com/MarchLiu/sisp
- Scala 3 的 Parsec 项目地址 https://github.com/MarchLiu/jaskell-dotty
- 对应的 SISP 项目地址 https://github.com/MarchLiu/sisp-dotty

后记

　　我是一个任性的人，急躁而缺少规划，总是为了兴趣冲动地投入大段人生。我庆幸自己生活在一个好时代，有程序员这样有趣的工作可以做，有方便的现代生活和发达科学技术。

　　我做的很多事，都远远超出了我最初的想法。当初，我只是想学一些方便、优雅的编程语言，可以让懒惰的我更自如地表达思考成果，并完成工作。后来，我又希望自己能够学会一些基本的编译器知识，包括代码的解析技术。这两个方向的学习把我神奇地引向了组合子。

　　这是一个有趣的方向。回头看看，这个领域并没有我最初想象的那么神奇，它可以说是一个很特定的编程模式，能漂亮地解决一些问题，但是它并不是万能的，也有很多它不能优雅地解决的问题。

　　在我们那个年代非常热门的函数式编程同样如此，它有不小的价值，但也不是银弹，并不比流行的编程语言更"高级"。如今我最喜欢的、最常用的编程技术，都不是"纯粹的"函数式的或面向对象的，它们都是精彩的组合体。

感谢发明这些编程语言和技术的同行，他们创造了这么多有用且有趣的东西，让我不仅仅限于日常的业务开发，更能在编程中找到乐趣，指引我思考是否有更好的工作方式。计算机科学家和天才工程师对"纯粹"的追求，贡献了很多有价值的思想，进而才有了我现在喜爱的各种工具。

年轻时，我曾幻想在学习编程的过程中建立"思想"。现在，工作二十几年后，我甚至不确定是否还有这种想法，但是我很确定，我找到了很多乐趣。

此时此刻，我才发现完成这本书的感受是"我做了一件有趣的事"。

写这本书时，我尽量使用朴素的语言，不带任何情绪。但是我希望它可以给读者带去乐趣。这本书介绍了一个有趣的编程范式，可以通过精巧的设计，实现对复杂信息模式——尤其是文本——的分析和处理。

初学者学习了 Java 或 Scala 的语法后，可以把这本书当作补充教材。它完整地实现了一个精巧却相对简单的项目，可以让读者在不依赖额外复杂框架和技术工具的情况下，完整地体验一个软件项目的全过程。编写这个解释器需要的 Parsec 组合子库也是由常规代码构成，它简单到我们可以在书中讨论如何从零构造。

这本书也可以作为有经验同行的一本业余读物。我喜欢看一些有趣的手工作品，例如木制计算机、乐高积木拼出的复杂机械装置、蔚为壮观的多米诺骨牌等。我觉得这本书也可以算在此列——我们可以用"常规"的编程技术实现通常认为需要专业工具构建的文本（甚至任意信息"串"）分析程序。它不仅有用，而且还很有趣。

这本书的写作灵感来自著名的 Haskell 教材《Write Yourself a Scheme in 48 Hours》。我在自己使用的编程语言中实现了 Parsec 组合子库，然后实现了若干微型 LISP 解释器。在回顾开发过程时写了这本书。通过实现 LISP 解释器讲解组合子技术、介绍函数式编程的方式是从那本书里借鉴的。我不是伟大的先行者，我只是一个吟游诗人，站在前人走过的路上，努力向后来者述说沿途的风景。如果有读者从中收获了知识和技巧，找到了共鸣和乐趣，那就是我的荣幸了。

有幸写完这本书，要感谢妻子多年来对我的包容和支持。我为了兴趣做了太多任性的事，花了太多时间学习一些工作中不太可能用到的编程技术。

本书的编辑徐定翔老师，是我多年来选购和阅读技术书籍时非常信任的人。因为徐老师的工作，我读到了很多精彩的书籍，学到了很多知识。这次能够与他合作出版这样一本书，是我的荣幸。